乡村振兴战略·浙江省农民教育培训丛书

淡水虾蟹

浙江省农业农村厅 编

ZHEJIANG UNIVERSITY PRESS
浙江大学出版社
·杭州·

图书在版编目(CIP)数据

淡水虾蟹/浙江省农业农村厅编．—杭州：浙江大学出版社，2023.4

(乡村振兴战略·浙江省农民教育培训丛书)

ISBN 978-7-308-23607-2

Ⅰ.①淡… Ⅱ.①浙… Ⅲ.①虾类养殖－淡水养殖 ②养蟹－淡水养殖 Ⅳ.①S966.1

中国国家版本馆 CIP 数据核字(2023)第 057102 号

淡水虾蟹

浙江省农业农村厅 编

丛书统筹 杭州科达书社
出版策划 陈 宇 冯智慧
责任编辑 陈 宇
责任校对 赵 伟 张凌静
封面设计 三版文化
出版发行 浙江大学出版社
(杭州市天目山路148号 邮政编码 310007)
(网址：http://www.zjupress.com)
制作排版 三版文化
印 刷 杭州艺华印刷有限公司
开 本 710mm×1000mm 1/16
印 张 10
字 数 180千
版 印 次 2023年4月第1版 2023年4月第1次印刷
书 号 ISBN 978-7-308-23607-2
定 价 65.00元

乡村振兴战略·浙江省农民教育培训丛书

本书编写人员

主　编　马文君　柳　怡

副主编　贝亦江　周　凡　余涤非

编　撰　（按姓氏笔画排序）

马文君　王海洋　贝亦江　叶　霆　朱凝瑜
吴燕琴　余涤非　应利平　陆珠润　周　凡
房伟平　线　婷　胡大雁　柳　怡　娄剑锋
姚高华　钱　伦　徐勇斌　唐玲燕　彭　建
曾建刚　潘荣佳

丛书序

乡村振兴，人才是关键。习近平总书记指出，“让愿意留在乡村、建设家乡的人留得安心，让愿意上山下乡、回报乡村的人更有信心，激励各类人才在农村广阔天地大施所能、大展才华、大显身手，打造一支强大的乡村振兴人才队伍”。2021 年，中共中央办公厅、国务院办公厅印发了《关于加快推进乡村人才振兴的意见》，从顶层设计出发，为乡村振兴的专业化人才队伍建设做出了战略部署。

一直以来，浙江始终坚持和加强党对乡村人才工作的全面领导，把乡村人力资源开发放在突出位置，聚焦“引、育、用、留、管”等关键环节，启动实施“两进两回”行动、十万农创客培育工程，持续深化千万农民素质提升工程，培育了一大批爱农业、懂技术、善经营的高素质农民和扎根农村创业创新的“乡村农匠”“农创客”，乡村人才队伍结构不断优化、素质不断提升，有力推动了浙江省“三农”工作，使其持续走在前列。

当前，“三农”工作重心已全面转向乡村振兴。打造乡村振兴示范省，促进农民、农村共同富裕，浙江省比以往任何时候都更加渴求

人才，更加亟须提升农民素质。为适应乡村振兴人才需要，扎实做好农民教育培训工作，浙江省委农村工作领导小组办公室、省农业农村厅、省乡村振兴局组织省内行业专家和权威人士，围绕种植业、畜牧业、海洋渔业、农产品质量安全、农业机械装备、农产品直播、农家小吃等方面，编纂了“乡村振兴战略·浙江省农民教育培训丛书”。

此套丛书既围绕全省农业主导产业，包括政策体系、发展现状、市场前景、栽培技术、优良品种等内容，又紧扣农业农村发展新热点、新趋势，包括电商村播、农家特色小吃、生态农业沼液科学使用等内容，覆盖广泛、图文并茂、通俗易懂。相信丛书的出版，不仅可以丰富和充实浙江农民教育培训教学资源库，全面提升全省农民教育培训效率和质量，更能为农民群众适应现代化需要而练就真本领、硬功夫赋能和增光添彩。

中共浙江省委农村工作领导小组办公室主任
浙江省农业农村厅厅长
浙江省乡村振兴局局长　王通林

2023年3月

前 言

为了进一步提高广大农民的自我发展能力和科技文化综合素质，造就一批爱农业、懂技术、善经营的高素质农民，我们根据浙江省农业生产和农村发展需要及农村季节特点，组织省内行业首席专家和权威人士编写了“乡村振兴战略·浙江省农民教育培训丛书”。

《淡水虾蟹》是“乡村振兴战略·浙江省农民教育培训丛书”中的一个分册，全书共分五章，第一章是生产概况，主要介绍概述、浙江省淡水虾蟹养殖现状；第二章是效益分析，主要介绍经济价值、社会及生态效益、市场前景及风险防范；第三章是关键技术，着重介绍罗氏沼虾、南美白对虾、克氏原螯虾、青虾、红螯螯虾和河蟹六种水产品的养殖技术；第四章是选购食用，分别介绍虾类、河蟹的选购和主要食用方法；第五章是典型实例，主要介绍十个省内从事淡水养殖生产经营农业企业的实践经验。

本书内容广泛、技术先进、文字简练、图文并茂、通俗易懂、编排新颖，可供广大农业企业种养基地管理人员、农民专业合作社社员、家庭农场成员和农村种养大户阅读，也可作为农业生产技术人员和农业推广管理人员技术辅导参考用书，还可作为高职高专院校、农林牧渔类成人教育等的参考用书。

目 录

S H E N G C H A N　G A I K U A N G

第一章　生产概况

淡水虾蟹养殖品种主要有罗氏沼虾、南美白对虾、克氏原螯虾、青虾、红螯螯虾和河蟹等。浙江省水资源十分丰富，淡水虾蟹养殖产业发展较好。“十三五”期间，浙江省罗氏沼虾、南美白对虾、克氏原螯虾、青虾4种淡水虾类产量占整体淡水虾蟹类比例维持在87%～93%。

一、概　述

淡水虾蟹养殖主要是指利用池塘、稻田等饲养和繁殖虾蟹等水生动物，是内陆水产养殖业的重要组成部分。我国淡水虾蟹养殖品种主要有罗氏沼虾、南美白对虾、克氏原螯虾、青虾、红螯螯虾和河蟹等。我国食虾有悠久历史，2000多年前的《尔雅》就有“鱼高、大虾”的记载，之后历代古籍有关虾的形态和生活习性的记载也很多；吃螃蟹的历史更是可以上溯到周天子时代；直到今天，金秋时节，持蟹斗酒，赏菊吟诗仍是人们的一大享受。

罗氏沼虾原产于整个南亚、东南亚水域及大洋洲北部。我国自20世纪70年代引进罗氏沼虾，特别是在20世纪90年代解决了苗种繁育技术和商品虾养殖技术难关后，罗氏沼虾的池塘养殖产量和经济效益迅速提高，养殖规模迅速扩大。目前它已成为我国主要的经济虾类养殖品种之一（见图1.1），养殖区域主要集中在江苏、浙江、广东等沿海地区。

图1.1　罗氏沼虾

南美白对虾主要分布在美国西部的太平洋沿岸热带水域，从墨西哥湾至秘鲁中部都有分布，以厄瓜多尔附近的海域分布更为集中。南美白对虾的养殖在我国始于台湾省，约在1998年形成养殖高潮，并传入广东、海南、福建等地。1999年，广东省南美白对虾养殖面积达到5000亩（1亩≈667平方米）（见图1.2）。浙江省各地从2001年开始试养，2002年开展较大规模的养殖。在我国，从南到北，不论是海水还是淡水，都有养殖南美白对虾的。

图1.2　南美白对虾

克氏原螯虾，俗称小龙虾（见图1.3），原产于北美洲的墨西哥北部及美国南部，自1918年被引入日本，1929年经日本流入中国。目前已在全国范围内开展规模化养殖，主要有池塘专养、混养、稻田轮作和共作养殖等模式，其中湖北、安徽、湖南、江苏等地养殖规模较大。

青虾在世界上只分布于中国和日本，在我国温带地区的淡水水域，从南到北的江河、湖泊、沟渠、水库及低盐度的河口水域都有栖息。青虾主要集中在安徽、江苏、上海、浙江、福建、江西、广东、湖南、湖北、四川、河北、河南、山东等地。浙江德清是中国的“青虾之乡”（见图1.4）。

图1.3　克氏原螯虾

图1.4　青虾

红螯螯虾，俗称澳洲小龙虾、澳洲小青龙（见图 1.5），原产于澳洲北部的热带地区，富含低脂肪、高蛋白和人类必需的钙及多种氨基酸。20 世纪 80 年代以来，美国、日本以及东南亚的一些国家陆续引进红螯螯虾并商业养殖。我国于 1992 年由湖北省水产研究所引进，并在广东和湖北两地试养成功；福建省水产研究所于 1993 年 4 月引种试养成功。1994 年后又逐步推广到江苏、湖南、北京等地。

图1.5　红螯螯虾

河蟹在我国主要分布于长江、辽河、瓯江流域，是洄游性蟹，在海水中繁育苗种，在淡水中生长育肥，对环境的适应能力很强（见图1.6）。国内著名的品种有长江蟹、高邮湖大闸蟹、阳澄湖大闸蟹、湖州湖蟹、盘锦河蟹等。

图1.6　河蟹

复习思考题

1. 我国淡水虾蟹养殖主要有哪些品种?
2. 南美白对虾主要的分布区域有哪些?它在我国及浙江发展的现状如何?
3. 青虾在我国主要集中在哪些地区?

二、浙江省淡水虾蟹养殖现状

浙江省水系发达，自北向南有苕溪、京杭大运河（浙江段）、钱塘江、甬江、椒江、瓯江、飞云江和鳌江等8条主要河流，水资源十分丰富，淡水虾蟹养殖产业发展较好。淡水虾蟹类养殖要求的设施较少、投入相对较低，养殖周期短、见效快，易被广大农民所接受，现已成为农民增收致富的重要途径之一。随着经济的向好向快发展、居民消费水平的提高，虾蟹类等高蛋白、低脂肪食物逐渐受到广大消费者青睐，该类水产养殖的规模也将进一步扩大。

浙江省淡水虾蟹类养殖品种主要有青虾、南美白对虾、罗氏沼虾、克氏原螯虾以及河蟹等。“十三五”期间，在浙江省的淡水虾蟹养殖品种中，南美白对虾产量最高，但年均增长率最低；克氏原螯虾年均增长率最高，达46.54%；罗氏沼虾、河蟹、青虾的年均增长率分别为11.50%、6.06%和3.04%。“十三五”期间，浙江省4种淡水养殖虾类产量占整体淡水养殖虾蟹类比例较为稳定，维持在87%~93%，浙江省淡水虾蟹在全国范围内占比不高，基本维持在4%左右。浙江拥有得天独厚的地域条件，虾蟹海水与淡水品种均有产出，且各地都在尝试引进优良新品种进行养殖。浙江省在2019—2020年发展了红螯螯虾养殖，其中2019年产量为154吨，2020年产量129吨。

“十三五”期间，浙江省南美白对虾、青虾、罗氏沼虾、河蟹的产量较为平稳，只有克氏原螯虾在2019年呈现爆发式增长，产量从0.58万吨增长到1.82万吨，这与全省大力推广稻渔综合种养方式密切相关。相比较而言，克氏原螯虾繁殖迅速，生长环境不苛刻，易于养殖，而南美白对虾、罗氏沼虾、青虾、河蟹等对环境要求较高，且近年来病害频发，产量难以呈现爆发式增长。浙江省俗称“七山二水一分田”，虽水系丰富，但山林众多，因此内陆地区少有大规模养殖，多是小面积池塘放养。与全国其他省份相比，浙江省的淡水虾蟹产量占比相对较低。

复习思考题

1. 浙江省发展淡水虾蟹养殖的有利条件有哪些？
2. 浙江省淡水虾蟹养殖的主要品种有哪些？
3. “十三五”期间，浙江省淡水虾蟹的养殖现状如何？

X I A O Y I F E N X I

第二章　效益分析

虾蟹营养丰富且肉质松软，易消化，属于常年可消费品种，适合身体虚弱以及病后需要调养的人群食用。虾蟹养殖的经济效益、社会效益和生态效益明显，在农业产业结构调整中，养殖面积不断扩大，市场前景表现良好。前几年国内虾蟹销售市场主要集中在上海，浙江宁波、杭州，江苏常州、苏州、无锡；现在国内其他城市的需求量也很大，如北京、广州、深圳、重庆、昆明、西安等，虾蟹产品供不应求。

一、经济价值

（一）营养价值

虾蟹营养丰富且肉质松软，易消化，适合身体虚弱以及病后需要调养的人群食用。每 100 克虾中可食用部分中约含有：热量 93 千卡，碳水化合物 2.8 克，蛋白质 18.6 克，脂肪 0.8 克，烟酸 1.7 毫克，胆固醇 193 毫克，维生素 A 15 微克，维生素 B_1 0.01 毫克，维生素 B_2 0.07 毫克，维生素 E 0.62 毫克，钠 165.2 毫克，镁 46 毫克，磷 228 毫克，钾 215 毫克，钙 62 毫克，铁 1.5 毫克，锌 2.38 毫克，铜 0.44 毫克，硒 33.72 微克。

河蟹每 100 克可食用部分中约含有：热量 103 千卡，碳水化合物 2.3 克，蛋白质 17.5 克，脂肪 2.6 克，硫胺素 0.06 毫克，核黄素 0.28 毫克，烟酸 1.7 毫克，胆固醇 267 毫克，维生素 A 75.8 微克，胡萝卜素 1.8 微克，维生素 A 389 微克，维生素 E 6.09 毫克，钠 193.5 毫克，镁 23 毫克，磷 182 毫克，钾 181 毫克，钙 126 毫克，锰 0.42 毫克，铁 2.9 毫克，锌 3.68 毫克，铜 2.97 毫克，硒 56.72 微克。

（二）经济效益

虾蟹广泛分布在我国温带、亚热带区域的江河、湖泊、池塘、沟渠、水库等各种淡水水域中，有些虾类在低盐度的河口水域比在纯淡水中生长得更佳。养殖淡水虾蟹的经济效益十分可观，每亩净利可在 2000 元左右。罗氏沼虾亩产 200~300 千克，每亩净利 2000~3000 元。南美白对虾精养池亩产 300~600 千克，每亩净利可达 2000 元以上；粗养池亩产 100~150 千克，每亩净利可达 1000 元左右。青虾亩产 50~100 千克，每亩净利 1500~2000 元。发展河蟹养殖不仅能带动湖区农民退田还湖的积极性，还能扩大湖区面积，增加蓄洪能力，恢复湖泊浅滩湿地的功能，小鱼小虾多了，鸟类也会来，进而丰富了当地可开发的旅游资源。

一些地区的淡水虾蟹养殖户在充分利用水面的基础上，发展形成了青虾 / 青虾、南美白对虾 / 青虾、河蟹 / 青虾、河蟹 / 罗氏沼虾、罗氏沼虾 / 青虾、克氏原螯虾 / 水稻等双季养殖、混合养殖、轮流养殖、共生养殖等多种养殖模式，创建了一批具有地方特色的虾蟹产品品牌，开发了新产品，丰富了淡水养殖内涵，提高了市场竞争力，增加了水产品产出，使淡水养殖户的收入得到了大幅度的提高（见图 2.1）。

图2.1　稻虾轮作

复习思考题

1. 虾蟹特别适合哪些人群食用？
2. 河蟹每 100克可食用部分中约含有多少种维生素？各自的含量如何？
3. 养殖淡水虾蟹的经济效益如何？

二、社会及生态效益

（一）社会效益

浙江省地处亚热带季风气候区，区内江河纵横，水库、外荡星罗棋布，有着发展淡水虾蟹养殖的得天独厚的地理条件。发展淡水虾蟹养殖既有利于农业产业结构的调整，也可以拉长产业链，增加就业，同时有利于提高农业综合效益，增加农民收入。发展淡水虾蟹养殖可稳定水产品供应，平抑市场价格，满足“菜篮子”需求，改善人群的膳食结构。目前淡水虾蟹养殖已成为浙江水产养殖主导产业之一。

淡水虾蟹养殖的迅猛崛起也带动了饵料加工和网具等相关配套设施产业的发展，现已培育建成了具有一定规模的虾蟹专业交易市场。虾蟹精深加工技术的研究开发，蟹粉、蟹肉以及用虾蟹制成的保健品的问世，将有机会打开国际市场，从而进一步推动国内淡水虾蟹养殖业的发展。

（二）生态效益

在淡水虾蟹养殖生产中，其生态效益是与经济效益联系在一起的。浙江省的淡水虾蟹养殖主要以稻田和池塘养殖为主，稻田中，杂草、浮游生物、底栖动物及微生物等进行着物质循环和能量流动，但它们不仅不提供有效的产品，相反还与水稻争夺养分、空间和光能等。而在稻田中养殖虾蟹，虾蟹可以大量摄食水生生物和部分杂草，将这些无用的物质转化成人类可以直接食用的蛋白质，同时它们的活动能使土壤疏松、透气，有利于水稻根系的呼吸及发育，虾蟹的排泄物又是水稻作物的良好肥源，两者互惠互利，能有效促进水稻增产。尤其是采用稻田/池塘与虾蟹混合的养殖方式，能充分利用稻田和池塘的水体空间和饵料生物，发挥其生态效益。

复习思考题

1. 发展淡水虾蟹养殖有哪些社会效益？
2. 发展淡水虾蟹养殖有哪些生态效益？

三、市场前景及风险防范

（一）市场前景

虾蟹是一种食性杂、生长快、繁殖力强、适应性广的重要经济水产动物。由于虾蟹养殖的市场容量大、投资少、经济效益好，宜大力发展。目前，一些地区的养殖户不仅在本地大力发展淡水虾蟹养殖业，还携带技术、饵料赴邻近县、省进行承包养殖。因此，淡水虾蟹养殖已成为发展势头较强的经济水产养殖门类之一。

淡水虾蟹营养价值较高，属于常年可消费品种，其销售没有季节性限制，丰富的营养和鲜美的味道使其具有很高的食用价值，对其的加工、烹饪方法也多种多样。因此，淡水虾蟹深受广大养殖户和消费者的喜爱，不仅是广泛养殖的名优水产品，还是出口创汇的高档产品。前几年国内虾蟹销售市场主要集中在上海，浙江宁波、杭州，江苏常州、苏州、无锡；现在国内其他城市的虾蟹需求量也很大，如北京、广州、深圳、重庆、昆明、西安等，虾蟹产品供不应求。

目前，淡水养殖的水产品大部分仍以鲜销为主。虾蟹可通过加工制成各种干品，不但延长了其市场供应期，还可将其远销到其他地区（见图 2.2）。随着科学技术的不断发展，生物技术在淡水虾蟹养殖过程中的应用范围日益扩大，淡水养殖品种的良种选育、品质风味改良、成熟期的拉长以及保鲜保活、精深加工业的兴起，淡水虾蟹养殖的市场前景十分光明。

图2.2　虾干

（二）风险防范

1. 品种与技术

淡水虾蟹养殖并不是所有地方都可以发展，也不是任何地方养殖后都可以优质、高产。因此，养殖前首先要选择适宜的环境与土壤，了解地形、地貌与社会经济条件；其次要确定适宜的养殖品种；最后要掌握相关的养殖技术。当然，各地也可积极组织各类相关的培训活动，使虾蟹养殖户认真了解相关技术，严格按照规程操作，进而选择适宜的环境条件养殖。

2. 规模与效益

目前，淡水虾蟹养殖的主体依旧以散户为主，组织化程度不高，产业化运营程度不高。组织化和规模化程度低，意味着养殖所需资源分散、集中度不够，难以在生产和销售等方面形成合力和集聚效应，对养殖区域化布局、标准化生产、产业化运营、社会化服务等均构成了制约。而且，从事淡水虾蟹养殖的主体与第二、三产业融合程度比较低，与乡村旅游业发展的契合度不高，形成的品牌也较少，知名度不高，流通渠道不畅，产品附加值增加幅度不大。

3. 市场与销售

目前，浙江省的淡水虾蟹养殖已有一定的面积，其生产出的水产品受到市场行情波动的影响，年度间的经济效益时好时坏，严重影响了养殖的稳定发展。因此，随着养殖面积的进一步扩大，养殖者须谨慎对待。眼下需进一步提高运输保鲜技术，加快研究加工产品，降低养殖风险，从而获得更高的综合经济效益。

复习思考题

1. 淡水虾蟹养殖的市场前景如何?
2. 淡水虾蟹养殖应该注意哪些问题?
3. 目前淡水虾蟹养殖的主要问题有哪些?

G U A N J I A N   J I S H U

第三章　关键技术

本章着重介绍罗氏沼虾、南美白对虾、克氏原螯虾、青虾、红螯螯虾和河蟹6种淡水虾蟹的养殖技术，每种虾蟹品种分别以品种介绍、生物学特性、苗种繁育、人工养殖和病害防治等内容进行阐述。

一、罗氏沼虾

（一）品种介绍

罗氏沼虾，又名马来西亚大虾、长臂大虾、大河虾，隶属节肢动物门甲壳纲十足目长臂虾科沼虾属。罗氏沼虾是热带虾类，在浙江省养殖时不能在室外水域自然越冬。罗氏沼虾具有体形大、食性广、抗病力强、生长快的优良特性，在池塘中养殖期短，产量高。

罗氏沼虾的肉味鲜美，营养丰富，是价廉物美的名优水产品，深受消费者欢迎，市场销量极大，供应时间在每年 7—11 月，销售受季节性限制。罗氏沼虾的营养价值较高，据测定，每 100 克鲜虾肉中含蛋白质 20.5 克、脂肪 1.97 克，还含有丰富的微量元素和多种维生素。

经全国水产原种和良种审定委员会审定的罗氏沼虾新品种有罗氏沼虾“南太湖 2 号”（见图 3.1），由浙江省淡水水产研究所、浙江南太湖淡水水产种业有限公司育成，平均个体增重比市售苗种提高 36.87%，养殖成活率提高 7.76%，在同等条件下，起捕时间早，生长同步性好，商品虾加工虾仁的出肉率高。

图3.1　罗氏沼虾“南太湖2号”

（二）生物学特性

1. 外部形态

罗氏沼虾体形粗壮，一般成虾体长超过 10 厘米，体色呈蓝色，有时略带褐色。身体分为头胸部和腹部两部分，头胸部被背甲，背甲前端有一剑状突为额剑。额剑的上下缘有细齿，齿式 12~13/11~12。额剑的基部隆起而末端微微上翘，与青虾平直的额刺有明显区别。罗氏沼虾身体由头部 5 节、胸部 8 节、腹部 6 节、尾部 1 节，共计 20 节组成。罗氏沼虾有附肢共 19 对，其中第一、第二对触角呈长鞭状；第二对步足长而强大，末端呈钳状；后三对步足呈爪状；游泳足有 5 对；腹部第六对尾肢宽大，张开后与尾节构成尾扇。

2. 生活习性

罗氏沼虾属热带淡水虾类，但幼体发育阶段栖息在通海河口的咸水水域中，仔虾至成虾阶段则栖息在湖泊、河流及塘堰等淡水水域，喜栖息于浑浊的水体中。罗氏沼虾对环境的适应能力强，可生活在淡水或低盐度的水域中，对水温要求较低，最低忍耐水温为 15℃。

3. 食性

罗氏沼虾是杂食性甲壳动物，摄食面广，偏食动物性饲料。在天然水域中，其食物来源包括水生昆虫、藻类、种子、谷类、小型贝类、甲壳类、鱼肉等；在人工养殖条件下，可配合颗粒饲料全部投喂。在食物匮乏时，罗氏沼虾会相互残杀，软壳虾及体弱虾易被同类摄食。罗氏沼虾摄食强度主要受水温影响，在水温 18℃以上时开始摄食；在水温 18~30℃时随水温升高而摄食加强；水温超过 32℃时，摄食减少。

4. 生长特性

罗氏沼虾的生命周期分为受精卵、幼体、仔虾、幼虾及成虾五个阶段。①受精卵阶段：黏附在母虾游泳肢上的受精卵在水温 25~27℃时 19~21 天孵出幼体。②幼体发育阶段：孵出的蚤状幼体体长 1.7~2 毫米，在水中营浮游生活，有趋光性，以卤虫无节幼体、轮虫等为饵料，需在咸水中发育变态。③仔虾阶段：在水温29~31℃时，幼体经过11次的蜕皮变态，15~20天就可发育成为仔虾；刚淡化的仔虾体长7~9毫米；仔虾在淡水中生活，外形与成虾相似，营底栖生活，水平游泳。④幼虾阶段：经过1个月的培育，幼虾可长到2~4厘米。⑤成虾阶段：幼虾再经过2~3个月的饲养，体长可达到11厘米，个体重超过15克时即可达到性成熟期，性成熟后的雄虾个体明显大于雌虾。

罗氏沼虾的生命周期较长，可长达数年，个体重可达到数百克。

5. 繁育习性

（1）雌、雄虾的区别。性成熟后的罗氏沼虾雌、雄个体在形态特征上有明显的区别。成熟雄虾的第二对步足特别发达，粗大并呈鲜艳的蓝色或黄色，长度大大超过体长；雌虾的第二对步足较短小，不超过体长。雄虾第二腹肢的内肢与附肢之间有一棒状的雄性附肢，而雌虾无此构造。雄虾生殖孔开口于第五对步足的基节，雌虾输卵管开口于第三对步足基节。

（2）性成熟期和产卵期。罗氏沼虾的性成熟期较短，在池塘养殖条件下，虾苗经过3~4个月的生长就可达到性成熟。在长江中下游地区，育苗企业为配合池塘养殖罗氏沼虾的生产，会通过温室将产卵期控制在每年的2—6月，产卵盛期在3月至4月中旬。产卵时，水温应在25℃以上，适宜水温为27~30℃。同批亲虾可连续交配后产卵2~4次。

（3）交配与产卵。罗氏沼虾的交配发生在雌虾蜕皮之后。此时，雄虾靠近雌虾，用步足将其翻转，形成腹部相贴的姿态，然后雄虾横转与雌虾呈90°交叉，将身体弯曲，抱住雌虾进行交配。雄虾的精索排出，贴在雌虾第四、第五对步足胸部，约几十分钟后，雌虾开始产卵并进行体外受精。产卵多在夜间进行。产卵时，雌虾腹部紧紧地弯曲，卵粒从生殖孔中产出，与精索中的精子相遇受精，受精卵黏附在第一至第四对游泳足的基节刚毛上。雌虾摆动游泳足形成水流，使受精卵得到足够的氧气，同时用步足剔除死卵和异物。

（4）孵化与幼体变态。罗氏沼虾刚产出的卵呈黄色，之后逐渐依次变为淡黄色、红色、淡灰色、深灰色。当水温为26℃时，胚胎发育到20~21天，蚤状幼体破膜而出。

罗氏沼虾的蚤状幼体需经过11次的蜕皮才能发育变态成为仔虾。在水温为29~31℃、水质及营养条件良好的情况下，这个过程需要15~20天。蚤状幼体能自由游动，其游泳的姿态为尾部朝上，头部向下。仔虾与成虾的外形和运动方式基本一致，可做水平状游泳。

（三）苗种繁育

1. 工厂化育苗

（1）场地选择。罗氏沼虾苗种繁育采用室内温室工厂化育苗方式。育苗场应选择在交通、电力、通信等较完善的地方，场地附近无工农业及生活污水污染，特别要避免在化工、印染、电镀等企业附近建场（见图3.2）。育苗用的外河水水质应符合渔业水质标准的要求，水中化学需氧量（COD）、氨氮、亚硝酸氮的含量不能太高，主要水质指标为：pH值6.8~7.5，游离态氨氮≤0.1毫克/升，亚硝酸氮≤0.2毫克/升。

图3.2　工厂化育苗场

（2）工厂设计。中等规模的罗氏沼虾苗种繁育场年产量为3亿~5亿尾，温室占地面积3000~5000平方米，配套亲虾培养及储水池塘面积30~50亩。

虾苗种繁育场可以单独建造亲虾越冬温室，也可利用幼体培育池。池子用砖砌水泥抹面，水池净总面积1000~1500平方米，单池面积15~25平方米，池深1米，长宽比为3∶1，坡度为0.5%~1.0%。温室墙体用砖头砌成，有条件的可加一层泡沫保温层。顶棚用玻璃钢，中间用尼龙薄膜隔层，或采用夹心彩钢板隔层。

幼体培育池占温室总面积最大，培育池净面积1500~2500平方米，呈长方形，单池面积10~20平方米，池深0.8~1.0米，长宽比为（3~4）∶1，坡度约为1%。池子表面光滑，不能有裂缝与漏水。幼体培育池内需要配套人工海水的配置和预热池2~4个，单池体积20~50立方米，也可单独建造配水池。

卤虫孵化房净幼体培育面积与丰年虫孵化池体积按（30~50）∶1的比例配备，需要放置在温室内。孵化容器单个体积0.3~1.0立方米，可以用缸、锥形的工程塑料或水泥制成。

中等规模的育苗场需要配备2~6吨容量的热水锅炉2~6座，并铺设亲虾越冬池、幼体培育池、卤虫孵化池、配水预热池的加热管道。加热管道采用无规共聚聚丙烯（PPR）热水管与不锈钢管结合比较合理。要求锅炉房与温室距离较近，以利于提温及节省能源。可安装太阳能热水系统，作为温室辅助加温用。

建设通风较好的鼓风机房，内设3~5台旋涡轮式风机，每台功率为2.2千瓦；在亲虾越冬温室、幼体培育温室、卤虫孵化房及配水预热池铺设聚氯乙烯（PVC）管道；每个池放置充气的气泡石，幼体培育池每立方米水体配置1个气泡石。

育苗用水要经过池塘处理后再配海水使用。配备水处理池塘面积20~30亩，每个池塘2~5亩，水深1.5~2.0米。可利用亲虾培育池空闲期，在清淤后使用。每个池塘安装水泵，管道与温室配水池相连接，配水池（预热池）输送海水或淡水到各温室的培养池。

利用物理及微生物净化技术对幼体培育使用后的废海水进行净化再利用，需配备过滤筛、蛋白分离器、生物过滤池、废水收集池及净化水收集池等设备。生物过滤设备、净化池与育苗水体体积按 1∶10 的比例配套，即每 500 立方米幼体培育池需配置容量为 60 立方米的生物过滤设备、净化池（其水容量为 50 吨）。外壳用耐海水腐蚀的无毒材料制成，内置陶粒或其他生物滤料，配置充气泵及循环水泵。

中等规模的育苗场需配备 20~30 千伏安容量的电力，配备应急发电机 1~2 台，功率为 45~90 千瓦，以备在停电时使用。育苗场主要使用的电力设备为鼓风机、水泵、照明设备等。

2. 亲虾越冬培育

（1）亲虾挑选。浙江省在每年的 10 月中下旬、水温下降到 20℃左右时，进行亲虾挑选和进温室的工作。若水温过高，软壳虾多；水温过低，亲虾活力差，影响成活率。

亲虾可自行从良种场引进的虾苗中培育，或从本场的亲虾培育池塘中挑选，或异地收购。要求养殖户一定要了解虾种来源，并且确认在育苗及养殖过程中无发病史。要求亲虾外表洁净、体格健壮、附肢完整、全身无病灶。亲虾规格：雌虾每千克 40~60 尾，已怀卵过或正怀卵；雄虾每千克 30~50 尾，第二对步足为橘黄色；亲虾的雌雄比为（3~4）∶1。

（2）放养密度。按年生产 1 亿尾罗氏沼虾苗需要 1 万 ~1.2 万只亲虾计算，中等规模的育苗场（年产苗 3 亿 ~5 亿尾）需要亲虾 3 万 ~6 万尾。放养密度控制在每平方米 35~50 尾，放养密度过高会影响越冬的成活率，雌、雄亲虾可分池培育。

（3）越冬池消毒。在亲虾进池前，整幢温室应用高锰酸钾（浓度为 100 毫克 / 升）或其他消毒剂高浓度喷洒及浸泡池子，然后清洗干净。水沟及周围环境也应消毒。若是新建的水泥池，则需用水浸泡 30 天以上，也可加酸浸泡处理。

（4）水质管理。整个培育过程要求水中溶氧充足，越冬池每 2 平方米放置气泡石1个，连续不间断地充气。

培养期水温应控制在20~22℃，温差不能过大，水温太低会影响亲虾的成活率；在亲虾刚进温室时，可适当提高水温1~2℃，以增加其摄食量，待其恢复体质后再降低到越冬温度。

越冬池每天吸污1~2次，吸污要彻底。每隔约7天换水1次，换水量视情况在1/3~2/3，换入水的温差应小于1℃。

为控制浮游动物的生长繁育，越冬池可放养当年仔口花鲢鱼种，每平方米1~2尾，每千克水规格为40~60尾；也可适量放养水葫芦、空心菜等水面植物，以吸收水中的营养物质；可每隔15~30天施用微生物水质改良剂1次，以保持良好的水质，同时可减少吸污和进、排水的次数。

同时，在越冬池挂网1~2片，网片离水面20~50厘米，面积约占池子的50%，以供亲虾蜕壳、交配时栖息、荫蔽用。

（5）投饲管理。投饲采用配合饲料与鲜活饵料相结合的办法，越冬期间以配合饲料为主，培养后期提高动物性饵料的比例。配合饲料中鱼粉含量应比商品虾养殖用的稍高，维生素种类及矿物质含量应合理，不含促生长剂。

每日投喂2次，分别在10时和14时，以下午为主。配合饲料日投饲率为虾体重的1%~1.5%。

3. 罗氏沼虾育苗

（1）准备工作。在冬季气温较低时，外塘水打入池塘后，需在池塘中使用生石灰澄清水质，每亩用量为100~200千克，经过30~60天的沉淀和净化，待碱性消失后再用于配制海水育苗。

人工海水配方：每配制1吨海水需用氯化钠10千克、硫酸镁3千克、氯化钙0.36千克、氯化钾0.18千克、硼酸0.12千克、溴化钾20克，并视水中重金属离子的含量情况，另加乙二胺四乙酸（EDTA）钠盐3~5克，配制后海水盐度为11‰~12‰，pH值为7.5~8.5。配制好的海水经砂过滤及生物过滤器循环处理净化后再用于育苗，效果

图3.3　人工海水

会更好（见图 3.3）。

育苗前 1 个月，育苗池用高锰酸钾（浓度为 100 毫克 / 升）浸泡，然后清洗干净。若是新建的水泥池，则与亲虾越冬池一样，需用水浸泡 30 天以上，也可加酸浸泡。

（2）亲虾强化培育。育苗前 1 个月（1 月底至 2 月初），将亲虾培育池水温每日提高 1℃，逐步提高到 26~27℃，在这期间，亲虾交配产卵。在亲虾交配及产卵期间，要加强营养，饲料应以螺蛳肉或鱼块为主，并增加投喂量（投饲率为虾体重的 5%），同时增加吸污换水次数，注意水质的稳定及良好。

在升温 1 个月后，根据育苗生产安排，从 2 月中旬至 3 月初开始挑选怀卵雌虾。每隔 10~15 天挑选 1 次，按卵的颜色（灰、红、黄）分级放入池子培育。放养密度为每平方米 40~50 尾，池水深 0.8 米，温度控制在 28~29℃。怀灰色卵的虾直接放入 3‰的咸水中，1~3 日即可孵出幼体；怀红色、黄色卵的虾则需经过 5~10 天的培养，当卵的颜色转变成灰色后，3 天内即可孵出幼体。

（3）捞幼体及布苗。在抱卵虾孵出幼体的次日上午，用 80 目规格纱绢网布制作的幼体捞网在虾池中来回拉捕，然后用白瓷盆将幼体带水舀出，放入幼体培育池中。拉捕 2~3 次，即可基本将池中前一天孵出的幼体捕光。

一般每 1000 平方米净幼体池培育面积，育苗幼体量控制在 8000 万尾以内。注意丰年虫孵化及换水能力要跟上，否则将导致育苗失败。第一期幼体放养密度控制在每平方米 20 万 ~30 万尾为宜，放养时应尽量做到计量正确，且保证在同一个池内均为 1~2 天内孵出的幼体。在幼体培养到第 6 天时结合翻池，降低放养密度到每平方米 8 万 ~10 万尾。计划淡化苗产量为每平方米 6 万 ~8 万尾。

（4）水质管理。幼体至仔虾淡化出池，整个培育期 22~25 天。幼体刚进池时，水温应控制在 29℃，与孵化池一致，以后每天升温 0.5℃，逐步达到最高温度 30~31℃。幼体变态成仔虾后，水温随淡化逐渐降低到 25~28℃，与仔虾培养池温度相近。绝不可以采用提高温度的手段来达到缩短培育时间和增加产量的目的，因为这样会降低虾苗的质量。

育苗池每天吸污 1~2 次，其中培育前期每天 1 次，中后期上、下午各 1 次。吸污要彻底，最好在投喂蛋制品后 2 小时内和投喂卤虫无节幼体之前吸污，以减少卤虫无节幼体的损失，并尽量降低残饵对水质的影响。吸污后可适量加水。

在育苗期内，正常情况下一般翻池换水 2~3 次，第一次在培育至第 6 天时结合分池进行，以后每隔 5 天翻池换水 1 次；15 天左右仔虾出现后，水质调控以换水和吸污为主；在出现水质恶化或死苗时，则应紧急翻池。

在育苗的前期，充气量应小些，呈微波状。随着罗氏沼虾蚤状幼体的发育生长，幼体活动能力增强，此时应逐步加大充气量。培育后期，水体应略呈沸腾状，气石在池内应分布均匀。

每天对育苗池水体的主要水质指标进行监测，主要指标控制范围：水温为 30~31℃，pH 值为 7.0~8.5，盐度为 11‰~12‰，游离态氨氮≤ 0.3 毫克 / 升，亚硝酸氮≤ 0.5 毫克 / 升。

（5）投饵管理。选购高质量卤虫休眠卵，每克干的休眠卵为 18 万 ~20 万粒。孵化桶单只体积为 0.3~1.0 立方米，孵化时间为 24~30 小时，孵化温度为 28~30℃，pH 值为 8~9，盐度为 20‰~25‰（按产地盐度），放卵密度为 2~5 克 / 升，并需要一定的光照（1000~1500 勒克斯）及连续充气。低温保存的卵需在常温下放置几天后再使用，清洗后放入孵化池。休眠卵经过 24~30 小时的孵化，绝大部分幼体已孵出，此时应首先停止充气，在缸口用黑布遮光10~15分钟，使卵壳浮于水面，卤虫无节幼体留在中层；然后用塑料管虹吸出中层水体，经过网滤获得无节幼体（见图3.4）。

图3.4　卤虾孵化

蛋制品制作方法是，去除部分蛋白，加鱼肉糜及奶粉混合成浆，隔水蒸30分钟，然后用24目规格的网筛子制成小颗粒，用清水洗净后备用。

在布苗两天后的早上即可投喂卤虫无节幼体，投喂密度为10个/毫升。以后逐步加大投喂量，在池中保持一定的密度，不能出现卤虫断档，卤虫投喂次数为每天4~6次。幼体培育至9天时，即蚤状幼体发育至第五期以后，增加投喂蛋制品，投喂次数为每天4~6次，每次间隔3~5小时，投喂时停气10分钟，投喂量以幼体大部分能摄食、稍有剩余为度，蛋制品可与卤虫幼体间隔投喂。

（6）光照控制。罗氏沼虾蚤状幼体具有一定的趋光性，一定的光照对其摄食和生长有利，故育苗温室光照宜控制在1000~3000勒克斯，避免光线过于强烈。

（7）仔虾淡化。当罗氏沼虾蚤状幼体培育至18~20天，且有90%以上的幼体变态成仔虾（虾苗）时，即可逐步淡化水体。可先将池水放掉降低，然后逐步注入淡水。淡化分3天进行，每日降低盐度3‰~5‰。待3天后盐度降到3‰以下，且温度降到与养殖池塘或暂养池相近时，即可出池销售或进入仔虾暂养阶段。

（8）出池与运输。淡化后虾苗体长0.7~0.9厘米。出苗采用拉网法，用规格为40目的拉网贴住苗池两壁，深及池底，徐徐将网从池一端拉向另一端，起网后用手泼水，使虾苗集中在网中央，然后用水盆将虾苗带水盛入，放入温度相同的淡水池网箱中。水池内放置气石充气。

虾苗计数通常采用干容量法计数。操作时将网箱提起，用小抄网将虾苗从网箱捞出倒入小酒杯大小的容器中（底部钻有小孔，水可从中流出），然后倒入尼龙袋中充氧待运。在其中取样几杯计数，计算出每杯平均值，然后按总杯数计算出虾苗总数。

虾苗运输常用方法为尼龙袋充氧运输法（见图3.5），该法适用于中长距离运输。尼龙袋规格为70厘米 ×30厘米 ×30厘米，每袋可装虾苗3000~5000尾，袋内装水1/4，虾苗装入后，挤出袋内空气，充入氧气，用橡皮筋扎紧袋口，装入纸箱内运输。在正常情况下，运输时间可长达20小时。在初春气温低时运输，需用保温运输车辆及

图3.5　虾苗运输

泡沫箱；在夏天高温运输时，可在泡沫箱内加冰降温，同时应避免阳光直晒。

（四）成虾养殖

1. 罗氏沼虾池塘单季养殖

池塘单季养殖每亩产量可达到200~300千克，养殖时间在5—11月。

（1）养殖条件。池塘以5~20亩为宜，水深为1.2~1.5米。池塘以东西走向的长方形为好，底部应平坦，少淤泥，底质以砂壤土为好，塘埂坡度为1∶（2~3）。塘埂应坚实不漏水，进、出水口应安装滤网等防逃、防野杂鱼进入设施。

养虾池塘用水可来自湖泊、江河等，要求水源充足，水质清新，排灌方便，水源附近应无严重的工农业与生活污染。

养殖池塘应配备水泵、增氧机等设备。2~5亩的池塘配备1.5~3.0千瓦的增氧机1台，5~10亩的池塘配备3千瓦的增氧机1~2台；此外，也可配备微孔管底增氧设施。

（2）清整消毒。在冬季或早春将池水排干，经过一段时期的冰冻、日晒，然后将池底整平，挖出池底过多的淤泥，修好塘埂。在虾苗放养前1个月对池塘进行清塘消毒，池塘留水5~10厘米，每亩用生石灰100~200千克，在容器内放水溶化，或在池塘内挖坑溶化石灰，然后均匀泼洒到池塘内。

清塘消毒后，在虾苗放养前要进行水质培养。进水必须经过60目网眼规格的绢网袋过滤，池塘水深保持在0.8~1.0米。在放养虾苗前一周，每亩施用已发酵的有机肥50~100千克或复合肥1~3千克培养浮游生物，为虾苗提供天然饵料。

（3）种植水生植物。在池塘中种植水生植物供虾栖息及荫蔽，可减少其相互残杀，提高成活率。比较好的方法是种植空心菜，即在池塘四周的半坡上种植空心菜。4月中下旬先在空地播种育苗，5月初移栽菜苗到塘坡，种植间距为30~50厘米，待池塘水位逐渐升高，空心菜便会生长延伸到池塘内水面2~5米。一般控制空心菜面积占池塘总面积的10%~20%，如覆盖面积过大，应及时割除，以免败坏水质。空心菜可作为草食性鱼类良好的青饲料。

（4）苗种放养。经过清塘及水质培养后，于5月中下旬池塘水温稳定在22℃以上时，即可直接放养淡化苗，或放养已经中间培育的幼虾。放养前应先试水，确认强碱性消失后再放苗种。

同一池塘虾苗放养应一次放足，虾苗规格应一致，以利于提高虾苗成活率及商品规格。放养虾苗的数量应根据池塘条件、管理水平等情况综合考虑，一般每亩放养淡化苗4万~6万尾、规格在0.7厘米以上，或中间培养苗2万~4万尾、规格在2厘米以上。放养时应注意温差，如用尼龙袋充氧运输，应先在水中浸泡15分钟，待温差降至2℃以内时再放入池塘。

池塘可适量搭养鲢鱼、鳙鱼种，每亩放养一龄鲢鱼种50~100尾、一龄鳙鱼种20~50尾，鱼种规格为每尾15~25克。

（5）投饲管理。以投喂全价配合颗粒饲料为主。配合颗粒饲料要求长短和大小均匀一致、粉末少、气味纯正、无异味，水中稳定性在4小时以上，粗蛋白含量在35%以上。在良好的管理条件下，饲料系数一般为1.2~1.5。

虾苗下塘后，如为直接放养的淡化苗，则在20天内投喂粒径为0.5毫米的饲料破碎料，20天后投喂粒径为1~2毫米的颗粒饲料；如放养的是中间培育苗，则一开始就投喂颗粒饲料。虾体重在1克以内的，日投饲量为虾总重的10%~20%；虾体重为1~5克的，日投饲量为虾总重的5%~10%；虾体重为5~10克的，日投饲量为虾总重的3%~5%；虾体重在10克以上的，日投饲量为虾总重的2%~3%。每日投饲为早、晚各1次，8时左右投全日总量的30%，17时左右投全日总量的70%。投喂时，应沿着池塘四周均匀撒放在离岸几米的区域，以确保整个池塘的虾都能摄食。投饲量应根据虾规格、天气、水温、水质及病害状况进行调整，以虾当天全部摄食完不剩为好。

（6）水质管理。水质在饲养的前期应稍肥，后期应适当偏淡。以水色为黄绿色，透明度控制在 30~40 厘米、pH 值为 7.0~8.5、溶解氧不低于 3 毫克 / 升为宜。苗种放养时，池塘水深宜 0.7~0.8 米，以后每隔 1 星期提高 10 厘米，在 6 月中下旬达到 1.2~1.5 米。

罗氏沼虾耐低氧能力较差，在水质变差或气候异常时，易引起缺氧而浮头死亡。应在高温季节的晴天中午开增氧机 2~3 小时，以减少水层温差，改善水质及减轻缺氧程度。每隔 10~20 天应使用微生物制剂改善水质，降低水中氨氮、亚硝酸氮、硫化氢等有毒物质的含量。

（7）捕捞出售。罗氏沼虾是热带性虾类，对水温比较敏感，它的捕捞既取决于成虾的生长情况和市场需求，又受到水温的制约。因此，罗氏沼虾收捕的时机是否恰当，方法是否正确，不仅会影响到虾类的产量和质量，还关系到罗氏沼虾的养殖经济效益。浙江省一般在 11 月上旬开始有冷空气影响，水温逐步下降至 15℃以下，此时要将池虾全部捕捞上市，或将成虾移进温室内过冬暂养，待市场虾价格上扬后销售。如果采用轮捕轮放，则要结合虾上市的规格、生长情况和池虾的密度，不失时机，捕大留小，分批上市。一般从 7 月底开始，罗氏沼虾塘轮捕 1 次，10 月下旬起陆续干塘起捕。捕捞的方法有：①拉网捕捞，即利用捕鱼网具在底质平坦的池塘捕捞，一般 1 次拉网起捕率在 60%~70%，连续拉网 2~3 次即可将大部分池虾起捕；②排水捕虾，即日落日出时在排水口处安装锥形网袋，袖网末端连接集虾网箱，开闸放水，虾便会经过网袋进入网箱内；③干塘捕虾，在经过拉网捕捞或排水捕虾之后，特别是在已将大部分虾起捕后，就可排干池水，捕虾。干塘起捕的虾，应及时放入网箱冲洗，以免降低品质或死亡。

罗氏沼虾的活虾运输，大多采用水箱、鱼篓等容器加水曝气运输。运输成活率较高，但在气候偏冷时，要注意避免夜间、凌晨低温时运输，以免水温过低而降低成活率。罗氏沼虾成品活虾须带水充氧运输，运输铁箱中每个网格的放虾密度不大于 20 千克 / 米^3。这样就可保证运输的成活率，达到活虾销售、提高价位和效益的目的。如果水温在14~18℃时，则可将成虾散放在装运工具底上，洒水，成虾可成活4小时以上。短距离的运输可用塑料周转箱运输。

2. 罗氏沼虾二茬养殖

该养殖技术主要是加温中间培育虾苗，提早放养，第一季养殖时间在3—8月，每亩产量150~200千克；第二季养殖时间在7—11月，每亩产量100~200千克，适合在江浙地区推广应用。

（1）虾苗的中间培养。虾苗中间培养主要有室内水泥池培育和土池配备锅炉保温培育两种方法。

室内水泥池培育方法利用罗氏沼虾育苗池进行高密度的虾苗培育，培育池具备加温，增氧及进、排水设施，单个培育池面积为10~50平方米，池深0.8~1.2米，池内放置一些网片供虾栖息。放苗时间在3月下旬至5月上旬，培育时间为15~45天，培育密度为每平方米0.5万~1.0万尾。经过20~30天的培养，虾苗规格可达到体长2~3厘米，成活率可达70%以上。虾苗放养后3天内，投喂用蛋与鱼糜蒸熟制成的细湿饲料，每日投喂2~3次，每日每万尾投喂5~10克；3天后投喂配合饲料破碎料，每日每万尾投喂10~50克，然后逐渐增加投饲料量，并根据吃食情况调整。培养池水深宜为0.8~1.2米，水温控制在22~28℃，不间断充气，以保持池水清新；每日池底吸污1次，清除网片污物；定期换水，如水质恶化则应随时换水。到5月中下旬池塘水温稳定在22℃以上时，幼虾就可出池放养。出池前，温室应昼夜通风透气，调节水温与池塘水温基本一致。出苗时，先将池水放掉一半，然后用抄网反复多次抄捕，将幼虾放入充气的网箱中，并及时放养入池塘。

土池配备锅炉保温培育是在罗氏沼虾养成池的一角，开挖80~200平方米的土池，蓄水0.8~1.0米深，保证池埂不漏水，池底无淤泥，在土池上搭建保温薄膜大棚，配备充气设备，设置进、排水口，池内吊挂一些网片。放苗时间在3月中旬至5月上旬，如在3月放养，则需要用锅炉加温；如在4月中后期放养，则一般不需要加温。培养时间为20~45天，放苗密度为每平方米0.3万~0.5万尾，培育后幼虾体长可达到2~4厘米，成活率为70%~90%。投饲要仔细，需防止投喂过多而污染水质。培养池水深宜为0.8米，水温应不低于20℃。换水应在晴天中午进行，以保持水质良好。阴雨天时要注意保温，晴天高温时要注意通气降温。5月中下旬池塘水温稳定后，拆除保温大棚1~2天，待培养池水温与池塘水温一致后，用抄网捕出幼虾放养，或直接掘开池埂，使虾游入池塘中。

（2）第一茬养殖管理。第一茬池塘养殖的池塘条件、清整消毒、苗种放养、投饲管理、水质管理等基本与罗氏沼虾的单季养殖相同。此茬沼虾从7月上旬开始捕捞上市，使用小拉网起捕，捕大留小。到8月下旬，全部捕光池塘沼虾。操作过程中应仔细、轻快，并注意池塘增氧。

（3）第二茬养殖管理。第二茬池塘养殖的淡化虾苗在7月上旬进苗，虾苗在小土池或水泥池中暂养，不需要保温。经过20~30天的培养，在8月中旬前放入池塘养殖，放养量为每亩2万~3万尾。第二茬池塘养殖的池塘条件、清整消毒、投饲管理、水质管理等也基本与罗氏沼虾的单季养殖相同。

3. 罗氏沼虾与青虾轮养

该技术为第一茬养殖罗氏沼虾，第二茬养殖青虾，充分利用池塘空闲期，提高养殖经济效益。罗氏沼虾养殖时间在4—9月，每亩产量200~250千克；青虾养殖时间在9月至翌年2月，每亩产量25~40千克。适合在江浙地区推广应用。

（1）罗氏沼虾养殖管理。第一茬池塘养殖罗氏沼虾的池塘条件、清整消毒、苗种放养、投饲管理、水质管理等基本与罗氏沼虾的池塘单季养殖相同。

（2）青虾养殖管理。8月底至9月上旬，在罗氏沼虾起捕后，进水1米，进水需经60目的网眼规格制成的网袋过滤。每亩放养青虾苗种2万~3万尾，虾苗规格在3厘米以上，或在6月池塘中套养抱卵青虾，每亩放量1~2千克。

投喂青虾专用颗粒饲料，粒径为2毫米，粗蛋白质含量在32%以上，投饲量从每亩0.25千克开始，逐渐增加投饲量，最高达每亩1千克。10月中旬后，水温降低，投饲量逐步减少；每天投喂2次，一般8时投1/3量，17时投2/3量。加强水质管理，水透明度保持30~40厘米。在池塘两侧放养水花生，面积占池塘水面积的20%，供虾栖息。深秋后，水应保持一定的肥度，以减少黑壳虾的产生及丝状藻类的大发生。饲养到春节前后，大部分虾可达到商品虾规格，用地笼定置网、抄网捕捞上市。

4. 罗氏沼虾与南美白对虾轮养

池塘第一茬养殖罗氏沼虾，第二茬养殖南美白对虾。第一茬罗氏沼虾养殖时间在4—8月，每亩产量150~200千克；第二茬南美白对虾养殖时间在7月底至11月上旬，每亩产量150~250千克。适合在江浙地区推广应用。

（1）罗氏沼虾养殖管理。第一茬池塘养殖罗氏沼虾的池塘条件、清整消毒、苗种放养、投饲管理、水质管理等基本与罗氏沼虾的池塘单季养殖相同。

（2）南美白对虾养殖管理。准备面积100~300平方米、水深为1.0~1.5米的南美白对虾虾苗培育土池，进行南美白对虾暂养，培养时间为15~30天，放苗密度为每平方米0.5万~1.0万尾，水体配制的盐度为3‰~5‰，在培育后期逐渐加注淡水，培育的幼虾体长可达到2~3厘米，成活率达80%，然后放入池塘中养殖。

南美白对虾养殖的池塘条件与罗氏沼虾养殖的池塘条件基本相同，投饲、水质管理方法也相似。每亩放养幼虾种2万~4万尾，池塘可搭养仔口或当年夏花鲢鱼、鳙鱼种，每亩放量为30~50尾，以充分利用池塘水体中的天然饵料。在整个饲养过程中全部投喂颗粒饲料，颗粒饲料粗蛋白含量为38%~45%，饲料系数在1.2以下。饲养到10月上旬开始出售，到11月上旬应全部捕捞上市，否则寒潮来临时将造成死亡。南美白对虾养殖对水质要求高，在养殖过程中应使用枯草芽孢杆菌、光合细菌、乳酸菌等微生物水质改良剂，每10~15天使用1次；使用聚维酮碘等碘制剂全池泼洒消毒，每15天使用1次，与微生物制剂使用间隔超过5天。

（五）病害防治

1. 亲虾阶段病害

（1）病害预防。水体定期（10~15天）用碘制剂或其他消毒剂消毒，预防细菌性疾病。

（2）疾病治疗。发生虾体黑点、黑鳃、烂尾等细菌病时，可在饲料中添加恩诺沙星（2~3克/千克饲料），连喂7天，并结合水体消毒。

2. 育苗阶段病害

（1）虾苗肌肉白浊病。该病又称为白体病、白尾病，是二类动物疫病病种。该病症状表现在仔虾期，从幼体变态成仔虾3天后开始出现症状，表现为仔虾身体呈现白点、白斑，严重时全身肌肉发白而混浊，最后发生死亡。在密度很高的培育池内，病虾被摄食或因紧密接触而相互感染，培育时间越长，感染率越高，出现症状率会从最初的万分之几提升到培育10天后的40%以上，导致很高的死亡率。已发生白浊病的虾苗被放入池塘后，由于密度大幅降低和环境条件改善，一般认为不会引起严重的相互传染。已严重发病的虾苗会死亡，而症状较轻的虾苗会逐渐恢复，规格达到5厘米以上的虾一般无症状出现。

主要防治措施：一是留种虾苗要经过病毒检测，检测结果为阴性的才可放养池塘，培养作为种虾；二是对引进留种的虾苗，在结合病毒检测的同时，对虾苗进行15~30天的隔离暂养，如检测呈阴性同时未发现白浊病的症状，则可留作培养种虾；三是育苗场一旦发生白浊病，应立即停止生产，对虾苗、种虾、育苗池及工具等进行严格的销毁及消毒处理，虾苗不能留作培养种虾。

（2）幼体弧菌病。弧菌普遍存在于咸水中，幼体在培育过程中易患弧菌病，特别是在幼体第四至第五期比较严重，又称中期幼体病。患病的幼体活动能力减弱，多在池底层缓慢游动，趋光性变弱，摄食少，生长慢，变态延期或不能变态，死亡率增加，吸污时可见死幼体被吸出。

主要防治措施：以预防为主，对育苗用水源在池塘中用石灰进行预处理，同时水中的氨氮及亚硝酸氮含量要低。如发病已比较严重，应弃池消毒。

3. 成虾阶段病害

（1）甲壳黑斑病（见图 3.6）。甲壳黑斑病为细菌性疾病，由能分解甲壳质的细菌引起，发病初期可见虾体甲壳上有小黑点，严重时呈现黑斑，可引起虾类大批死亡。

预防措施：养殖前对池塘进行清淤和生石灰消毒，养殖期间定期用生石灰浆泼洒调节水质，或使用微生物制剂和水质改良剂。

防治方法：选用浓度为 0.2~0.3 毫克 / 升的二氧化氯对水体进行消毒，或用聚维酮碘等碘制剂，连续施用 2~3 天；在对水体进行消毒的同时，在饲料中拌入药物投喂，如内服恩诺沙星 2 克 / 千克饲料，也可用大蒜素或氟苯尼考，连续投喂 4~5 天。

（2）黑鳃病（见图 3.7）。发病的虾鳃部变为黑色，虾逐渐失去呼吸功能。其主要是由水质恶化引起的。

图3.6　罗氏沼虾甲壳黑斑病

图3.7 罗氏沼虾黑鳃病

该病的预防措施与防治方法基本与甲壳黑斑病相同。

（3）纤毛虫病（见图 3.8）。纤毛虫病的病原为聚缩虫、累枝虫、钟形虫等，它们寄生于虾的甲壳上，使虾的体表出现许多柔毛状物，手摸有滑腻感，病虾行动缓慢，呼吸困难，蜕壳困难，对低氧敏感。

预防措施：保持池塘水质良好以及适当的肥度。

图3.8 罗氏沼虾纤毛虫病

防治方法：一是池塘大量换水，促使虾蜕壳；二是药物治疗，可使用硫酸锌全池泼洒，浓度按使用说明进行操作，或用硫酸铜全池泼洒，浓度为 0.5 毫克 / 升。同时，注意水质变化，及时增氧及换水。

复习思考题

1. 罗氏沼虾有哪些新品种?
2. 怎样做好亲虾强化培育工作?
3. 怎样做好罗氏沼虾与青虾的轮养管理工作?

二、南美白对虾

（一）品种介绍

南美白对虾，又称白肢虾或白脚虾、白对虾，隶属于节肢动物门甲壳纲十足目游泳亚目对虾科对虾属。原产于南美太平洋沿岸的水域，以厄瓜多尔沿岸分布最为集中，是当今世界养殖虾类产量最高的品种之一，具有生长迅速、对饲料蛋白质需求量低、出肉率高、离水存活时间长及抗病力强等优点，易于进行集约化养殖，比较适合我国南方水体中具有一定盐度的地区养殖。

经全国水产原种和良种审定委员会审定的南美白对虾品种有凡纳滨对虾“科海 1 号”、凡纳滨对虾“中科 1 号”（见图 3.9）、凡纳滨对虾“中兴 1 号”、凡纳滨对虾“桂海 1 号”、凡纳滨对虾“壬海 1 号”、凡纳滨对虾“广泰 1 号”、凡纳滨对虾“海兴农 2 号”、凡纳滨对虾“正金阳 1 号”、凡纳滨对虾“兴海 1 号”等。选育品种的主要特点为适宜高密度养殖，生长速度快，适应性强，遗传特性稳定，综合抗逆性强，抗病评价指数高，养殖成活率提高，规格均一，遗传稳定性高等。

图3.9　凡纳滨对虾“中科1号”

（二）生物学特性

1. 外部形态

南美白对虾成体最长可达 23 厘米，头短，甲壳薄，正常体色为浅青灰色，全身不具斑纹，步足常呈白垩状，故有白肢虾之称。头胸甲较短，与腹部比为 1∶3，所以出肉率高，加工出肉率可达 65% 以上。

2. 生活习性

南美白对虾自然栖息区为泥质海底，水深 0~72 米。适宜生长水温 15~38℃，最适生长水温 22~35℃；低于 18℃时，摄食活动受影响，9℃以下时，侧卧、发生死亡。可在盐度 0.5‰~35‰的水域中生长，经淡化盐度驯化，也可在纯淡水池塘中养殖。

3. 食性

南美白对虾属杂食性，饲料中粗蛋白质含量达 25%~30% 即可满足其营养需求，缺饵时，其具相互残杀的习性。要求水质清新，水体溶氧量 5 毫克 / 升以上，水体 pH 值为 7.0~8.5，氨氮含量低。

4. 生长

南美白对虾生长快，个体大，淡水中放养 1.2~1.5 厘米淡化虾苗，经3个月左右养殖，即可养成体长超过10厘米、体重超过10克的商品虾。南美白对虾昼伏夜出，白天一般都静伏池底，晚上则活动频繁。南美白对虾蜕壳都在晚上（上半夜），两次蜕壳的时间间隔为20天左右。

南美白对虾生长与蜕壳有关，在幼苗阶段，水温28℃时，需30~40小时蜕壳1次。

5. 繁殖习性

池养条件下卵巢不易成熟，自然海区中，一般12个月以上，头胸甲长度达到40毫米左右时，便有怀卵的个体出现，繁殖周期较长，怀卵亲虾在主要分布区周年可见。南美白对虾平均寿命可超过32个月。

（三）中间培育

1. 淡化标粗设施

从南美白对虾育苗场买回的虾苗，不经淡化到一定标准直接放入淡水池塘中会全部死亡。在育苗场直接淡化最为理想，但育苗场有时不愿将虾苗淡化到盐度5‰以下，而只愿将虾苗淡化到盐度10‰左右，因为淡化需要占用池子，而且还需要花时间，会影响虾苗场的育苗生产；而且在淡化过程中会损失一些虾苗。因此，虾苗买回来以后得养殖户自己进行淡化，使虾苗从盐度10‰左右淡化到盐度1‰左右。在淡化期间，一方面将盐度降下来，还可淡化培育较大规格的虾苗，即“标粗”。虾苗从0.8~1.0厘米培育到2厘米左右，时间为15天左右。淡化后的虾苗一方面已能适应淡水环境，另一方面个体较大，成活率较高，此时再放入淡水池塘中进行养殖效果较好。

（1）淡化标粗池（见图3.10）。淡化标粗池包括养殖池和集苗池，一般为水泥结构，便于管理和收苗。单池有效水体为50~100立方米，长方形，长宽比为2∶1或3∶1，池水深度为1.2米，池壁设计高度比池内水面高出0.2米左右。养殖池一般用砖石砌成，或采用钢筋混凝土结构，表面用100号水泥浆抹面。砖墙厚24厘米，池内壁应做5层防水抹面，表面应平整光滑；转角应为圆弧形，圆角半径应大于

图3.10　淡化标粗池

5厘米；池底有排水孔，排水坡度应大于2%。淡化标粗池可以建在室内，也可以建在室外，各有优缺点。在池旁边应设有集苗池。集苗池长约1.2米，宽约1.0米，池底标高应比育苗池出苗管中心标高低0.4米。集苗池应设有与出苗池贯通的排水管(沟)，其管径不应小于250毫米，坡度为0.3%~0.5%。

淡化标粗池应设排水管和换水管，管径为50~100毫米。淡化标粗池排水管兼作出苗管，管径不宜小于100毫米，与集苗池相通。为避免出苗口池水压力太大，在距池底0.3~0.5米处设第二出苗管，也与集苗池相通，最好都设阀门控制。换水管内接换水网箱(滤水器)，外通排水沟。充气设备可以用罗茨鼓风机或微型空气压缩机。充气的主要作用是改善水质，使幼体不致沉底，形成立体培养效果，使饲料呈悬浮状，提高其利用率。充气系统主要由送风设备、输气管、散气石组成。

也可以在池塘一角隔出一个简单的池子，面积以按需要淡化的量配备，池子最高水位1.0米，并配备充氧设施，增氧设施以底部增氧方式为主。标粗后拆除隔离设施，虾苗直接进入池塘养成。

（2）淡水过滤系统。分为沙过滤和网过滤两种。网过滤为150~200目的尼龙筛绢网，淡水先经沉淀再用网过滤，其优点是简便，流速快，成本低，可滤去一些敌害生物，能保留淡水中的单胞藻类。其缺点是过滤不彻底，不能除去病原体和有害的原生动物。沙过滤方式是采用沙滤池、沙井过滤、反冲式沙滤器。

（3）供电系统。淡化标粗期间要求不间断供电，无法保证电力供应的地方需配备2组以上电机，以保障供电正常。机组功率视淡化标粗池的多少而定，一般8~80千瓦，应为额定用电量的120%。

（4）增温系统。如果计划提早放养大规模苗种养殖，则要加设增温系统。加温可以用锅炉，也可以用电加热棒。如果温差较大、需要的热量较多，则需用锅炉；如果升温不大、需要的热量不多，则用电加热棒。

2. 虾苗选择

南美白对虾虾苗要选择健壮活泼、体节细长、大小均匀、体表干净、肌肉充实、肠道饱满、对外界刺激反应灵敏、游泳时有明显的方向性（不打圈游动）、躯体透明度大（肌肉不混浊）、全身无病灶（附肢完整、大触鞭不发红、鳃不变黑）等的个体（见图3.11）。最有效的办法是抗离水试验：从育苗池随机取出若干尾虾苗，用拧干的湿毛巾将它们包埋起来，10分钟后取出放回原池，如虾苗存活，则是

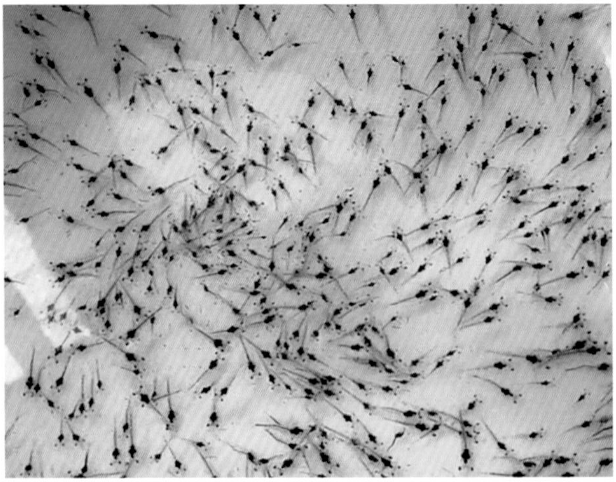

图3.11　虾苗

优质虾苗，否则是劣质虾苗。

放养优质的虾苗是提高养虾成活率及高产的重要保证。放养南美白对虾的规格最好是2厘米以上，一般为1.0~1.2厘米，此时的虾苗对外界环境的适应能力较强，成活率高，太小的虾苗成活率较低。如果放养2厘米左右的虾苗，成活率约为85%。

3. 淡化标粗

将淡化标粗池水的盐度调节到和虾苗场相同，并且培养好藻类，然后将购回的虾苗放入淡化标粗池中，密度为每平方米放虾苗1万~2万尾，采取添加淡水更换池水的办法，每天降低盐水的相对密度1~2个单位，待池水相对密度降到1.0005以下时，再放入淡水池塘养殖。

在淡化过程中，南美白对虾在盐度6‰向1.5‰过渡过程中往往死亡率较高，此时可采用往返式反复淡化。整个淡化期应为15天左右，尤其重要的是，虾苗应在盐度1.5‰以下的培育水中稳定2~3天。

虾苗淡化标粗期间，可以投喂青虾零号料，每天投喂4~6次，每天的投喂量是虾苗质量的50%~100%。淡化标粗池全天都需要进行充氧、防病管理，使用有益微生物制剂。经过12~15天的淡化培育，虾苗规格可达2厘米以上，此时便可将虾苗放入淡水池塘中养殖。

（四）成虾养殖

1. 放虾苗前准备

（1）池塘条件。选择在水源充足、水质良好、无污染，进、排水方便，堤埂不漏水，土质为砂壤土的地方建池。最好是用新开池。面积1~5亩，水深0.8~1.5米，池埂坡度1∶3。每个池塘最好安装适宜功率的增氧机。

（2）清污整池。养虾池要经过30天以上的曝晒，直至池底出现一条条的裂缝；铲除池埂的杂草，清除池内污物，修整池塘堤坝、闸门。污泥太厚的塘底，应予清除。

（3）清毒除害。每平方米用80~100克的生石灰撒泼全池，再进水 20~30 厘米，用铁耙使底泥和石灰充分搅拌混合消毒（见图 3.12）。经 3 天沉淀，水变清，再按每平方米用 10~15 克的茶籽饼浸泡后连渣全池泼洒除野，然后进水肥塘，同时调节盐度。调节盐度的方法是：加入相对密度为 1.1~1.12 的卤水，使养殖池水的相对密度接近 1.0005，养殖池和淡水标粗池水盐度接近，这时放养虾苗的成活率会大大提高。

图3.12　池底消毒

（4）培育饵料生物。放苗前 8~10 天，进水口安装 60~70 目的筛绢袖形网，排水口安装 40 目的筛绢平板网。进水 60~80 厘米，培养有益生物群落。主要措施是施用肥料，每平方米施尿素 5~6 克，过磷酸钙 1.52 克。以后每隔 3~4 天施肥 1 次，用量为首次的 1/3。另外，可引入有益种菌，首次施肥后 2 天，每平方米加入高浓度光合细菌 5~8 毫升，经过 7~8 天的水质培养，池水透明度在 25~30 厘米，水色呈黄绿色或黄褐色，这说明池塘中已有丰富的饵料生物，此时可以进行放苗养殖。

2. 虾苗放养

（1）试水。淡化标粗池的虾苗放养淡水池塘前，首先要试水。方法是放苗前 2~3 天，在淡水池中设置体积为 1 立方米的 40 目筛绢网箱，四周用竹竿插牢固定后，在网箱中放入虾苗 30~50 尾，2天后检查，如果成活率超过 90%，说明淡水池塘的水适合虾苗生长，可以放养虾苗。

（2）放养密度。每亩放养体长约 2 厘米的南美白对虾虾苗 2.0 万 ~2.5 万尾。

（3）放苗。放苗应选择晴天上午或傍晚。放苗地点应选择上风水较深的地方，避免下风放苗，否则可能导致虾苗被风吹上浅滩而干死。放苗时，脚不要踏泥搅混池水，以保持水体洁净，虾苗入池就会慢慢向深水中游散，要是第二天就在对岸出现，这样的虾苗成活率便较高。

3. 饲养管理

饲养管理的好坏直接关系到南美白对虾成活率、产量和经济效益。所以，在南美白对虾的整个养殖过程，对池塘水质、饲料、日常工作要进行科学的管理。

（1）巡塘观测。养虾管理人员应每日凌晨及傍晚各巡池一次，观察虾池的水色变化和对虾的活动、生长及健康情况，及时开动增氧机，测定池水的 pH 值，防止敌害（如鼠、蛇）进入。发病虾池要及时隔离。对于病虾或死虾，应及时捞出掩埋。对于对虾的生长情况，可每 10 天用撒网在池内多处取样来了解池塘内对虾的生长情况。将捞取的南美白对虾进行生物学测定，每次测定 50~100 尾，量体长，称体重，观测虾体的颜色及胃的饱满度，以便了解病害情况及摄食情况，确定下一个 10 天的投饵数量。

（2）水色调控。养殖南美白对虾理想的水色是由绿藻或硅藻所形成的黄绿色或黄褐色，这些绿藻或硅藻是池塘微生态环境中一种良性生物群落，对水质起到净化作用。因此，在养殖过程中，要有意识地调控这一理想水色。如瘦水池塘早期施放有机肥，追肥量视池塘水质透明度、pH 值、水色等灵活掌握，每星期追肥 1 次。到养殖中后期，由于残饵及虾的排泄物增多，一般会导致水色变深，此时可采取适量换水或施用一定的生石灰来控制水色等。

养殖前期及中期一般不换水，前期每天添加 3~5 厘米，直到水位达 1.6 米，并保持水位。养殖中后期根据透明度及藻相变化，如透明度低于 20 厘米，或高于 80 厘米，均需酌情换水；采取少换或缓换的方式，将水缓慢加到池塘水的上层；日换水量控制在 5~10 厘米，每平方米加入生石灰 10~12 克，调节水体 pH 值，还可起到消毒作用，一般 20 天施 1 次生石灰。

在养虾池中施放有益微生物，如光合细菌、生物活性（EM）细菌等，能及时降解进入水体中的有机物，减少有机耗氧，稳定水体 pH 值，同时能均衡地给单细胞藻类进行光合作用提供营养，平衡藻相和菌相，稳定池塘水色。养殖过程中，一般每 20 天施用高浓度的光合细菌 1 次，添加量为每立方米水体 3~4 毫升，施放光合细菌的时间可安排在虾池消毒后 3 天进行，一则可以避免药物的毒杀，二则可以在施药后很快地建立起适合于虾类生长的微生物生态平衡。

（3）池水 pH 值、溶氧量、透明度调控。南美白对虾适宜的 pH 值为 7.8~8.5。在养殖过程中，应特别注意调控池水 pH 值，pH 值不宜过高，最好不要超过 9.0，否则会增加氨氮的毒性，抑制虾的生长；pH 值偏低时可选择采用生石灰进行调节。

在南美白对虾的养殖过程中，随着虾体的增长，对虾对水中溶氧量的需求量也越来越大。因此，在养殖前期视水质状况采取间歇性开启增氧机，以后随着虾的生长应逐渐延长开启增氧机的时间。精养池和高密度高产养殖池，到养殖的中后期必要时需 24 小时开机，以保证池水溶氧量在 5 毫克 / 升以上、池塘底层溶氧量在 3 毫升 / 升以上，最低不能低于 1.2 毫克 / 升。所以，要购置水质快速测定仪，随时监控池水的 pH 值、溶氧量、氨氮等变化。

通常每3~4亩池塘配备1千瓦的水车式增氧机1部。增氧机除了能增加水体中的溶解氧外，还能促进有机物的分解，而且对水搅动也利于池内有机碎屑、粪便、藻渣、残饵的集中，增加虾的停留、索饵空间，便于虾类均衡摄食。一般情况下，放苗以后的30天内，每天开增氧机2次，分别在12时至13时，17时至18时。放苗30~60天，要延长开增氧机的时间，并增加开机次数，每天开增氧机3次，分别在每天的黎明开增氧机2~3小时，12时至14时和17时至19时各开机2个小时。养殖60天到收获阶段，由于对虾总重量的增加，每天排泄的粪便增加，水体自身污染加重，基本上要全天开增氧机，以保证水体中溶解氧达到5毫克/升以上，有利于对虾的呼吸和生长。

在养殖前期，池水的透明度保持在25~40厘米；养殖中后期，池水的透明度应保持在35~60厘米。透明度小于20厘米时应换水、加水或施放沸石粉或生石灰，透明度过大可追施氮肥和磷肥。

在纯淡水池塘养殖南美白对虾可搭养鲢鱼、鳙鱼，用以调控池塘水质。

（4）饲料投喂。南美白对虾对饵料蛋白质要求不高，既要保证对虾吃饱、吃好，又要兼顾养殖环境和降低饲料成本。饲料的颗粒大小应该根据虾的不同生长阶段来选择，颗粒过小或过大均会造成浪费，从而引起饵料系数的上升。养殖前期选用粒径0.05~0.50毫米的颗粒饲料，中期选用0.5~1.5毫米的饲料，后期选用1.5~2.0毫米的饲料。投喂时采用分散投喂。

投饵量应根据虾的大小、成活率、水质、天气、饲料质量等综合因素而定。养殖中期（虾体长3~10厘米），日投饵量为虾湿重的6%~8%；养殖后期（虾体长10厘米以上），日投饵量为虾湿重的4%~5%。虾体生长越大，投喂的比例越小。养殖前期每天分2次投喂，投喂时间分别为7时、19时；养殖中期投饵3~4次，投喂时间为7时、19时、23时；养殖后期分4~5次投喂，投喂时间为7时、12时、19时、24时，晚间投喂量占日投饵总量的50%。投喂方法为沿池均匀投喂。

为了便于随时调整投喂量，可以通过饲料台检查，以投饵后 1.5 小时内吃完为宜，或投喂 2 小时后，随机捞取 80~100 尾虾，以饱胃率 70% 为基准来增减饵料。同时，掌握以下原则：对虾大量蜕壳时少喂，蜕壳后多喂；阴雨天少喂，晴天时多喂；水色好时多喂，水色不好或水色变化时少喂。

4. 及时捕捞

捕捞时间、次数和捕捞方式应根据市场的需求、价格的高低、对虾个体的大小、健康状况、水质变化等情况来确定。需要鲜活出售对虾时，可采用专用定置网或虾笼收捕（见图 3.13）；如果收捕后加工成冰鲜虾出售，可采取大拉网捕，最后干塘抓虾。

图3.13　虾笼捕捞

捕捞类型有一次性捕捞和捕大留小式的多次捕捞两种类型。一次性捕捞就是通过大规模地放水收虾，利用拉网起捕养殖池中的所有成品对虾。如果养殖池内对虾规格差异较大，而市场虾价又较高时，为保证对虾养殖的经济效益，可适时采用捕大留小式的多次捕捞形式。一次性捕捞一般应注意：当寒潮侵袭，气温突然降低（降幅超过 8℃）

时不能收虾，气温回升后再收虾；水质突然变坏，要尽快提早收虾；虾生长停滞，开始出现虾病时要突击收虾。高产精养的虾塘要采取轮捕的方法，当部分虾长到商品规格时就分批起捕，分几次收获。

对于池底平坦、无障碍物的中、小型养殖池，采用拉网捕捞较为适宜。但应根据对虾数量和虾池结构特点，选择合适的地方进行放网和收网。一般每张网由2人进行操作，每次拉网捕虾数量控制在200~400千克，以免因对虾数量过多造成相互挤压，影响收捕对虾的品质。网笼捕捞时，应事先准备好适宜的网笼，收捕时，将网笼与塘埂垂直放置，对虾沿池边游泳时进入网笼内，大规格成品虾由于网衣阻隔留在笼内，小规格对虾则通过网孔游回池塘。放置网笼时间和数量依据计划捕虾数量而定，一般每口10亩左右池塘放网笼约20顶。捕虾前一般应停止投饲，待对虾收捕后再立即投喂。

5. 对虾运输

对虾运输有活虾运输和冰鲜虾运输两种方式。

（1）活虾运输。通常活虾的运输方法有充氧水运输和保湿无水运输两种。充氧水运输是指使用充气机、水泵喷淋、直接充入氧气等方法，使敞开或封闭式的运虾装载容器的水体增加溶氧量，从而实现运输活虾的目的。保湿无水运输是指采用保湿材料盖住虾体，使虾体表面保持潮湿的环境条件，从而实现活虾运输的目的。采用活虾运输时应注意：待运的活虾应选择规格均匀、体表清洁、体质健壮、附肢齐全、无伤病、活力好的同一品种的对虾。装运的水质要求清新、无杂质、无污染，无论是淡水、海水，还是用冰，都应符合相关的质量规定。装运容器、工具也应保持洁净、无污染、无异味，在装运前应进行灭菌消毒。对于海水养殖对虾需加入与对虾池塘水体盐度相同的海水，采用加冰降温则应按所加冰块重量加入相应的海水晶，使盐度保持稳定。淡水养殖对虾也应加海水晶，使装运用水盐度比原养殖池高出2‰~3‰，不能太高也不能太低，否则死亡率较高。

起运前宜采用缓慢降温方法对待运活虾进行降湿，温度宜控制在

15~18℃。运输过程中应保持水质稳定，保持合适的温度，每小时的温度变化梯度不超过5℃。为保持低温运输，运输时应采用保温车运输，若无控温设备，温度高时可用冰块降温。

（2）冰鲜虾运输（见图3.14）。冰鲜虾的运输相对活虾运输简便得多。成品对虾起捕后，迅速置于冰水中冰镇10~20分钟，然后装入有碎冰的泡沫塑料箱中，用保温车进行运输。在整个操作过程中，应注意用水、用冰的卫生。

图3.14　冰鲜运输

（五）病害防治

1. 预防措施

（1）水体消毒。整个养殖期间应定期进行水体消毒，放苗后30天消毒1次，以后每隔15~20天消毒1次，消毒的药物有溴氯海因等。

（2）提高对虾免疫力。育苗前用2.5%氢氧化钠溶液对所有育种工具进行消毒处理，以保证虾苗为无特定病原的苗种；在对虾饵料中添加EM菌、免疫多糖等提升对虾免疫力。已放苗但检测到病原的，可适当降低养殖密度。同时定期投喂以大蒜素、三黄粉为主要成分的药饵，并添加维生素C、维生素E等。

（3）加强水质管理。平时投喂优质饲料，不大排大灌，溶解氧保持在5毫克/升以上，保持虾池环境因素稳定，使用有益微生物制剂使池内藻相菌相稳定，尽量避免人为干扰。在病毒高发期提高养殖水体溶解氧含量、减少有害化学因子，采用低盐度养殖。

2. 主要病害

（1）白斑综合征（见图 3.15）。发病初期，病虾摄食减少或停止，行动迟缓，漫游于水面或在水面转圈。发病后期的典型症状为甲壳内侧出现白斑，特别是头胸甲，白斑最明显，肉眼可见。白斑的数量和大小依病情而有所不同。头胸甲易剥离，病虾体色往往轻度变红，肝胰腺呈淡黄色或灰白色。

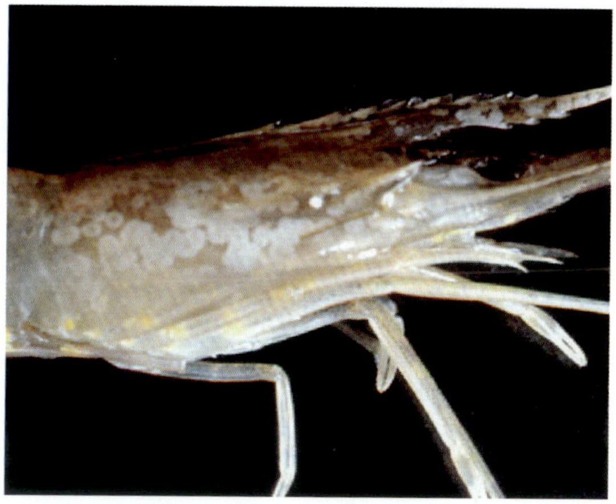

图3.15 南美白对虾白斑综合征

图片来源：《重要水生动物疫病防控常识系列挂图（虾类）》

防治方法：选择健康亲虾，做好水体消毒，合理控制放养密度，进行规范化饲养管理，对病毒检测呈阳性的虾体进行无害化处理，以防止传染。疾病发生期间，采用二氧化氯全池泼洒消毒，并在对虾饵料中添加 EM 菌、免疫多糖等提升对虾免疫力。

图3.16 南美白对虾传染性皮下及造血组织坏死病

图片来源：《重要水生动物疫病防控常识系列挂图（虾类）》

（2）传染性皮下及造血组织坏死病（见图 3.16）。南美白对虾感染该病后，会产生典型的慢性症状，病虾摄食少，生长缓慢，大小不整齐，但一般不引起死亡，仅导致虾体停止生长和额剑弯曲或上翘，出现矮小症或侏儒虾，即所谓侏儒型综合征。有时会在体表、鳃和附肢上的皮下出现许多黑点，不能按时蜕皮，体表和鳃上往往附生固着类纤毛虫、丝状细菌和硅藻等污物。

防治方法：放养优质不携带病毒的健康虾苗，防止外来病原的侵入，在病毒高发期提高养殖水体溶解氧含量、减少有害化学因子，采用低盐度养殖等都是行之有效的措施。采用免疫多糖及 EM 菌添加饵料进行投喂，也可有效降低该病发生率。

（3）肝肠胞虫病（见图 3.17）。对虾感染该寄生虫后，一般不会死亡。对虾可正常摄食，肝胰腺萎缩变软，偶发白便，导致对虾生长缓慢，严重影响对虾产量。

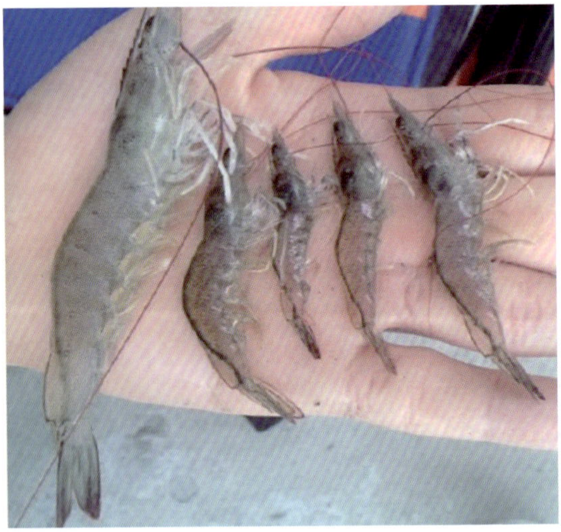

图3.17　南美白对虾肝肠胞虫病

图片来源：《重要水生动物疫病防控常识系列挂图（虾类）》

防治方法：育苗前用 2.5% 氢氧化钠溶液对所有育种工具进行消毒处理，保证虾苗为无特定病原的苗种；已发生过感染的养殖池塘塘底需用大剂量生石灰充分消毒；放苗前对虾苗进行检测，确保不携带有肝肠胞虫病原；已放苗但未检测到病原的，可适当降低养殖密度。

（4）急性肝胰腺坏死病（见图 3.18）。该病的主要症状为患病虾离群独游，趴于塘边，虾体色变为黄色或略微变红，基本停止摄食，胃肠空，肝胰腺萎缩、颜色变淡、变黄或变白、变软，肝胰腺出现黑点（带），虾体色素点增多。

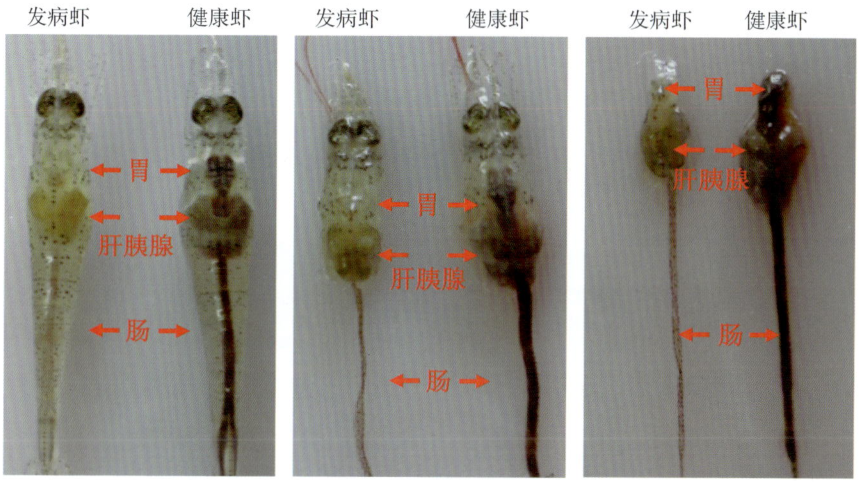

图3.18　南美白对虾急性肝胰腺坏死病

图片来源：《重要水生动物疫病防控常识系列挂图（虾类）》

防治方法：以预防为主。对虾苗种经过严格检疫，杜绝苗种携带病原；养殖用水预先使用每立方米水体60~80克的漂白粉消毒，养殖过程中使用EM菌、芽孢杆菌、光合细菌等微生物制剂调节水质。对虾饵料中添加免疫多糖、EM菌等增强对虾抵抗力、调节肠道菌群。一旦发现疾病发生，全池按每立方米水体6~8克漂白粉标准进行消毒，及时停止投喂或减半投喂，养殖人员和工具做好消毒和隔离工作，以防止病原进一步传播。

复习思考题

1. 南美白对虾有哪些优良品种？
2. 怎样选择南美白对虾虾苗？
3. 怎样放养南美白对虾虾苗？

三、克氏原螯虾

（一）品种介绍

克氏原螯虾，俗称小龙虾、淡水龙虾、小红虾、螯虾、蝲蛄等，隶属十足目爬行亚目螯虾科原螯虾属。克氏原螯虾适应性强，具有较广的适宜生长温度，在水温为10~31℃时均可正常生长发育；水温在10℃以下、32℃以上时，有休眠打洞的习惯。克氏原螯虾生长迅速，在适宜温度和充足饵料供应的情况下，经2个多月的养殖，即可达到性成熟，并达到商品虾规格。一般雄虾生长快于雌虾，商品虾规格也较雌虾大。

克氏原螯虾肉质鲜美，风味独特，蛋白质含量高，脂肪含量低，虾黄具有蟹黄味，钙、磷、铁质含量尤其丰富，是营养价值较高的动物性食品，深受国内外消费者的喜爱。同时，克氏原螯虾的壳可提取虾青素、几丁质等，在食品、医药、造纸、印染、日化等领域也有广泛应用。

（二）生物学特性

1. 生活习性

克氏原螯虾为夜间活动性动物，营底栖爬行生活。它们多栖息在湖泊、稻田、河流、水库、沼泽、池塘及沟渠中。其栖息地多为土质，以食物较为丰富的静水沟渠、池塘和浅型湖泊中较多，多以水草、树根或石块为隐蔽物。白天常潜伏在水体底部光线较暗的角落、石块旁、草丛或洞穴中，夜晚出来摄食。在自然情况下，因缺饵和水透明度较低，白天也见觅食。该虾有较强的攀缘能力和掘洞能力，在水体缺氧、缺饵、污染及其他生物、理化因子发生剧变而不适的情况下，常常爬出水面进入另一水体。如遇下雨，特别在下大雨时，该虾常爬出水体外活动。在无石块、杂草及洞穴可躲藏的水体，该虾常在堤岸处掘洞，洞穴的深浅、走向与水体水位的波动、堤岸的土质及克氏原螯虾的生活周期有关。在水位升降幅度较大的水体和繁殖期，掘洞较深；在水位稳定的水体和越冬期，掘洞较浅；生长期基本不掘洞。洞最深的可达 100 厘米，直径可达 9.2 厘米。克氏原螯虾也可以利用人工洞穴、水体原有洞穴或其他隐蔽物（见图 3.19）。其掘洞行为多出现在繁殖期和越冬期。

图3.19　洞穴

克氏原螯虾对水体的富营养化及低氧有较强的适应性，一般水体溶解氧保持在 3 毫克 / 升以上即可满足其生长所需。当水体溶氧不足时，该虾常攀缘到水体表层呼吸或借助水体中的杂草、树枝、石块等物，将身体偏转使一侧鳃腔处于水体表面呼吸，甚至爬上陆地借助空气中的氧气呼吸。该虾离开水体能成活 1 周以上。水中溶氧在 1.0~3.0 毫克 / 升时，其活动基本正常；1 毫克 / 升以下时活动减弱；低于 0.5 毫克 / 升时，如果没有可攀爬物，其会大量死亡。其耐受的水体 pH 值为 6.5~9，最适生长的水体 pH 值为 7.5~8.5。它不仅耐低氧，而且能耐较高的氨氮含量，一般氨氮含量在 2.0~5.0 毫克 / 升对其生长无明显影响，若氨氮含量过高，则其生长会受到抑制，也会引起死亡。克氏原螯虾对温度的适应性较强，0~37℃环境下都能正常生存，甚至被冰封冻也能生存，其最适生存温度为 18~31℃。

2. 形态特征

克氏原螯虾整个身体由头胸和腹部共 20 节组成。除尾节无附肢外，共有附肢 19 对。体表具有坚硬的甲壳。头部分为 5 节，胸部分为 8 节，头以及胸部愈合成一个整体，称为头胸部。头胸部呈圆筒形，前端有一额角，呈三角形。额角表面中部内陷，两侧隆脊，尖端呈锐刺状。头胸甲中部有一弧形颈沟，两侧具粗糙颗粒。腹部共有 7 节，其后端有一扁平的尾节，与第六腹节的附肢共同组成尾扇。胸足 5 对，第一对呈螯状，粗大；第二、第三对呈钳状；后两对呈爪状。腹足 6 对，雌性第一对腹足退化，雄性前两对腹足演变成钙质交接器。克氏原螯虾性成熟后个体呈暗红色或深红色，未成熟个体呈淡褐色、黄褐色、红褐色不等，有时还见蓝色。常见个体全长 4~12 厘米，最大个体全长达 16 厘米。

3. 食性

克氏原螯虾食性相当广，这也是它得以高速扩散的重要原因之一。克氏原螯虾主要摄食水底的有机碎屑、水生植物，也捕食水生动物，如小型甲壳类、水生昆虫等。在天然水体中，克氏原螯虾肠道中动物性食物约占 20%，植物性食物占 80%，各种谷物、饼类、蔬菜、陆生牧草、水体中的水生植物、着生藻类、浮游动物、水生昆虫、小型底栖动物及动物尸体均能摄食，也喜食人工配合饲料。在 20~25℃时，克氏原螯虾摄食眼子菜量每昼夜可达体重的 3.2%，摄食空心菜量每昼夜可达体重的 2.6%，摄食水花生量每昼夜可达体重的 1.1%，摄食豆饼量每昼夜可达体重的 1.2%，摄食人工配合饲料量每昼夜可达体重的 2.8%，摄食鱼肉量每昼夜可达体重的 4.9%，而摄食蚯蚓量每昼夜高达体重的 14.8%。由于克氏原螯虾捕食能力较差，故其食物组成中植物成分占主导地位。克氏原螯虾对鱼类养殖也无大的影响，它只捕食一些快死或已死亡的鱼类。在人工养殖池塘中，多以人工配合饲料为食。

4. 生长

克氏原螯虾与其他甲壳动物一样，必须蜕掉体表的甲壳才能完成突变性生长。刚脱离母体的幼虾平均全长约1厘米，平均体重为2.04克。生长条件好的情况下，经3~4个月即可达到上市规格。克氏原螯虾的蜕壳与水温、营养及个体发育阶段密切相关。幼体一般4~6天蜕壳1次，离开母体进入开放水体的幼虾为5~8天蜕壳1次，后期幼虾的蜕壳间隔一般为8~20天。一般蜕壳11次即可达到性成熟，性成熟后一般每年蜕壳1~2次，一般在夜晚有隐蔽物的地方进行，时间持续几分钟到十几分钟。蜕壳1次有的可增重95%。该虾在通常情况下寿命不长，一般为1年，雄性更短，但在食物缺乏、温度较低和比较干旱的情况下可成活2~3年。

（三）苗种繁育

克氏原螯虾苗种繁殖目前有3种方式：一是池塘育苗，二是大棚育苗，三是工厂化育苗。这里重点介绍池塘育苗。

1. 亲虾选择及产卵

（1）雌、雄虾区分。克氏原螯虾雌雄异体，并且具有较显著的第二性征。首先可从腹部游泳肢形状对其加以区分，雄虾腹部第一游泳肢特化为交合刺，而雌虾第一游泳肢特化为纳精孔。其次，两者螯足具有明显差别，雄性螯足粗大，螯足两端外侧有一明亮的红色疣状突起；而雌虾螯足比较小，疣状突起不明显。第三，雄虾螯足较雌虾粗大，个体也大于雌虾。

（2）亲虾挑选。克氏原螯虾的繁殖期为每年9月到翌年6月，高峰期在11月至翌年3月。在每年的8—9月，选择单尾体重25克以上、颜色暗红或黑红色、体表光泽度好、性腺成熟的健康亲虾个体作亲本，要求规格均匀，雌、雄虾比例为（2~5）：1。亲虾以直接从天然水域或养殖池塘中通过抄网、虾笼或虾罾等渔具收集为宜。亲虾采用干法运输，可用60厘米 ×40厘米 ×15厘米的密网箱运输，箱内先铺好水草，每只箱装运量不超过5千克。运输时应保持箱内湿润，避免阳光直射，并尽量缩短时间。到塘边后应先洒水，然后连同包装一起浸入池中1~2分钟，再取出静放1~2分钟，如此反复2~3次，才可多点放养，放养量为每亩50~75千克。

（3）交配与产卵。克氏原螯虾几乎可常年交配，但以每年春季为高峰。交配一般在水中的开阔区域进行。对水温的适应性较强，水温在15~31℃均可进行。在交配时，雄虾通过交合刺将精子注入雌虾的纳精囊中，精子可在纳精囊中储存2~8个月。雌虾在交配以后，便陆续掘穴进洞，当卵成熟以后，在洞穴内完成排卵、受精和幼体发育的过程。

雌虾的卵巢发育持续时间较长，通常在交配以后，视水温不同，卵巢需再发育2~5个月方可成熟。在生产上，可从头胸甲与腹部的连接处进行观察，根据卵巢的颜色判断其性腺成熟的程度。具体可把卵巢发育分为苍白、橙色、棕色（茶色）和深棕色（豆沙色）几个阶段，其中苍白色是未成熟幼虾的性腺，细小，需数月方才达到成熟；橙色是基本成熟的卵巢，交配后3个月左右可以排卵；茶色和深棕色是成熟的卵巢，是选育亲虾的理想类型。精巢较小，在养殖池塘中，一般同卵巢同步成熟。

2. 虾苗培育

（1）产卵孵化。克氏原螯虾的繁殖方式比较特殊，其大部分过程在洞穴中完成，故在平常的生产中难以见到抱卵虾。其受精卵为紫酱色，黏附于腹部游泳肢的刚毛上。抱卵虾经常将腹部贴近洞内积水，以保持卵处于湿润状态。克氏原螯虾的怀卵量较小，根据规格不同，怀卵量一般在100~700粒，平均为300粒。卵的孵化时间为14~24天，但在低温条件下，孵化期可长达4~5个月。克氏原螯虾幼体在发育期间不需要任何外来营养供给，刚孵出的仔虾需在亲虾腹部停留几个月左右方脱离母体。若条件不适宜，它们可在洞穴中不吃不喝数周。当池塘灌水以后，仔虾和亲虾陆续从洞穴中爬出，自然分布在池塘中。有时亲虾会携带幼体进入水体中，然后释放幼体。克氏原螯虾虽然抱卵量较少，但幼体孵化的成活率很高。其分散的繁殖习性限制了苗种的规模化生产，给集约化生产带来不利影响。

（2）虾苗培育。在亲虾放养前15天，施用经发酵熟化的有机肥，发酵时加入1%~2%肥料量的生石灰做消毒处理，施肥量为每亩100~300千克。10月中下旬，降低池塘水位，仅在低凹处存水，迫使大部分亲虾进入洞中穴居，刺激亲虾性腺发育。冬季加满水位，使其安全过冬。待翌年3月中下旬气温回升时降低水位，使亲虾出洞孵化，同时繁育苗种，提高苗种繁育的同步性和成活率。一旦发现有稚虾离开母体，则及时做好产后亲虾的捕捞工作。在克氏原螯虾虾苗孵出后2~3天，虾苗开始摄食，此时采用肥水育苗法和豆浆肥水育苗法，每亩施发酵的有机肥100~300千克，培育浮游生物，以利于幼虾的生长；或每亩每天用1.5~2.5千克黄豆磨浆全池泼洒，一天泼浆2~3次，每次间隔时间为5~6小时。1周后可加入少量的配合饲料破碎料。

3. 虾苗捕捞

由于该虾虾苗不像鱼类一样能在水体中游动，因此容易堆积挤压，加上虾壳极薄，非常不适合捕捞作业。待虾苗规格达到2.5厘米以上，虾壳增厚，活动力增强时，才开始捕捞出池，作为苗种放养。通常捕虾苗的时间宜选择在早晨，这时虾苗放养的成活率较高。捕捞苗种的主要方法为虾笼捕捞。单人作业时可用抄网，该方法适宜于在水花生等浮叶水生植物的草下捕捞。

4. 虾苗运输

运输时间在2小时以内的可以采取干法运输，运输工具有网箱、塑料盘等。每只网箱、塑料盘放苗数量不超过5千克，做到不挤压。中途要适时洒水，还要注意防晒、防风吹、防高温。高温季节运输时可用空调降温。运输时间在2~10小时，一般采用活水车充氧网箱运输法，网箱用木架或竹架框外包聚乙烯网布制作，网箱规格为60厘米×40厘米×15厘米，一只网箱可装虾苗5~6千克。运输时间超过

10小时的，适宜采用双层尼龙袋充氧运输，每袋装虾不超过1千克，包装后可以空运。采用以上3种方法运虾苗均不能直接放冰块，因温度的变化对水生动物的影响是非常大的，一般温差不能超过3℃。

应注意的是，运输过程中，克氏原螯虾虾苗离水时间过长会处于脱水状态，其放到池塘里后会因大量吸水导致腹胀而死；收购的苗种是由捕捞户在水体中下药捕得，放入池塘后会大量死亡；运输工具不合适会造成虾苗挤压受伤，放入池塘后也会造成大量死亡。

（四）成虾养殖

克氏原螯虾的养殖目前有专养、混养、轮养、多茬、稻虾共生轮作等多种模式，这里主要介绍稻虾种养、池塘专养模式。

1. 稻虾种养

（1）田间工程。

①开挖环沟。以约50亩为1个单元，沿田块四面开挖环沟，开挖面积占比在10%以下。环沟面宽3米、底宽2米，深度约为1.5米，并打紧夯实，要求做到不裂、不漏、不垮。利用开挖环形沟所挖出的泥土加固、加高、加宽田埂（见图3.20）。稻虾共生轮作可不挖沟。

图3.20　环沟

较大田块一般进行机械化操作，稻田改造中需要预留宽约4米的机械便道1~2处，一般设置在稻田2个长边田埂中部位置或角落，机械便道位置挖掘养殖环沟时应预留30厘米深的原生土层，埋1~3根加筋混凝土管（直径60~90厘米），再用开挖环沟所起的素土回填。

②设置防逃。防逃设施常用的有两种：一种是采用铁皮板等材料，下部埋入土中超过20厘米，上部高出田埂50~60厘米，每隔1.0~1.5米用木桩或竹竿支撑固定。另一种是采用麻布网片或尼龙网片或有机纱窗和硬质塑料薄膜共同防逃（见图3.21）。方法是选取长度为1.5~1.8米的木桩或毛竹，削掉毛刺，一端削成锥形或锯成斜口，沿田埂将桩与桩之间呈直线排列，田块拐角处呈圆弧形，内壁无凸出物。然后用高1.2~1.5米的密网牢固在桩上，围在稻田四周。防逃膜不应有褶，接头处光滑且不留缝隙。

图3.21 防逃设施

（2）水稻种植管理。5月中下旬，待大部分虾出售后，缓慢放低水位至露出田坂，剩余小龙虾随水位降低躲入环沟中；田面用旋耕机进行翻耕。5月下旬至6月初移栽水稻，水稻种植方式宜采取宽窄行方式，这样有利于小龙虾在田间穿行和改善田间通风透光条件，增加植株有效受光量，提高光合作用率，有利于改善田间小气候，扩大温差，降低温度和减少病虫害发生。同时适当增加虾沟两边的栽插密度，充分发挥边际优势。稻虾轮作水稻按常规模式种植管理。

（3）虾养殖管理。3—4月投放虾苗（初始规格每只约6克），根据稻田养殖的实际情况，新建稻田一般每亩放养个体每只在40克以上的小龙虾投放15~25千克，已养的稻田投放5~10千克。8—9月视存塘情况，每亩补放20~30千克种虾。虾苗选择颜色纯正，有光泽、体色深浅一致，体表光滑无附着物，附肢齐全，无病无伤，体格健壮、手握时有粗糙的感觉，且虾苗行动迅速，爬行敏捷。体长越短越好。投放时，选择稻田草多、茂盛、浅水的地方，分点投放，把虾筐侧放，让虾苗自行爬出虾筐。投苗前消野除杂，加水至超过田面20厘米。3月份在田间和环沟中种植伊乐藻，总量占田块面积约30%，夏季水面设浮框移栽水葫芦，面积约占30%；肥水培藻，培肥水质。

可在环沟内设置食台，方便观察克氏原螯虾摄食情况以调整投喂量。春季4—5月为虾的生长旺季，主要投喂蛋白质含量高、营养均衡丰富的配合饲料，按虾总重的8%~10%投喂饲料。每天早晚各投喂1次，以傍晚为主，傍晚投喂量要占到全天投喂量的60%~70%。夏、秋、冬季虾摄食量少，且主要以稻田中生物、嫩草为主，因此要减少投喂，隔日投喂；阴天和气压低的天气应减少投喂。冬季基本不投喂。每次投喂的饲料量以2小时吃完为宜。若超过2小时未吃完，则应减少投饲量。水温高于30℃、低于10℃时不投喂。

水位调节是稻田养虾过程中的重要一环，调节应以水稻为主，兼顾虾的生长要求，按照“浅→深→浅→深”的办法做好水位管理。调控的方法是：晴天有太阳时，水可浅些，让太阳晒水以便水温尽快回升；阴雨天或寒冷天气，水应深些，以免水温下降。小龙虾适应能力较强，在高温季节，一般每周换水1次，每次换去田中水量的约20%，但要注意调节水温。搁田时不可将水排干，水温不要超过35℃，水温高时需要注水调节。尽量将水温保持在20~30℃，以利于虾的生长。

注重水草管理、合理养护水草是保证水草健壮、科学地生长。水草主要有伊乐藻、菹草、轮叶黑藻（见图3.22）。水草的管理既要看水草的长势，又要看气温，避免产生副作用。如果温度高，水草占虾沟的覆盖率一定要保持合适的面积和密度，占比不宜超过60%，如果

图3.22 轮叶黑藻

水草过于旺盛，则会影响水体的上下流动与溶解氧的分布。

稻虾轮作基本操作按池塘养殖管理。

（4）捕捞。根据存塘情况，第一茬捕捞时间从3—4月开始，到6月结束；后续根据小龙虾长成规格和存塘情况适时、适量起捕。适时捕大留小，补充虾苗或亲虾，以保证科学合理的养殖密度。捕捞工具主要是地笼。

2. 池塘专养

（1）池塘清整消毒。

①池塘清整。饲养克氏原螯虾的池塘要求水源充足，水质良好，进、排水方便，且有一定的坡度。面积以3~5亩为宜，水深为0.4~1.2米。新开挖的池塘和旧塘要视情况加以平整塘底，清除淤泥和晒塘，使池底和池壁有良好的保水性能，尽可能减少池水的渗漏。最好池塘的部分地方能够像沼泽地一样，深浅不一，且这部分可占池塘总面积的1/5~1/3。利用稻田改造成塘，可把土堆在外侧的埂上并压实，要求宽度在2米以上，并用石棉瓦、塑料板、薄膜等建材做好防逃设施。

②清塘消毒。清塘消毒可有效杀灭池中的敌害生物，如鲶鱼、泥鳅、乌鳢鱼、蛇、鼠等；争食的野杂鱼类，如鲤鱼、鲫鱼及致病菌

等。常用的方法是用生石灰消毒和漂白粉消毒。生石灰消毒分干法消毒法和带水消毒法2种。干法消毒时，池塘留水约10厘米，每亩用生石灰100~120千克，全池泼洒，经3~5天晒塘后，再灌入新水；带水消毒法每亩水面以水深1米计算，每亩用生石灰125~150千克溶于水中后，全池均匀泼洒。漂白粉消毒是将漂白粉完全溶化后，全池均匀地泼洒，用量为每亩15~20千克（含有效氯30%），泼洒漂粉精则用量减半。

③设置隐蔽物。虾类活动的场所与鱼类有所不同。虾类活动的场所是指能够使其附着的水体底面积和池塘中的水草茎叶等场所。一般来说，水体中可供虾附着的面积越大，则可放养虾的数量越多。克氏原螯虾喜欢在洞穴阴暗处栖息，附着物可根据不同地区的条件放置一定的数量。

池底50%~70%的面积可种植水草，以供克氏原螯虾在蜕壳时躲避敌害侵袭和栖息用。饲养前期水草未长出时，可用陆生植物扎成草把放在池塘四周离池埂1.5米处，每隔3~5米放1束，每亩放20~30束。

（2）放养前准备。

①种植水草。在水草多的池塘养虾成活率高。克氏原螯虾食性杂，摄食的水草有伊乐藻、轮叶黑藻、凤眼莲、水浮莲、喜旱莲子草（水花生）以及一些陆生的草类等。在池中种植水草为虾提供了隐蔽、栖息的场所，也是虾蜕壳的良好场所。一般种植水草的面积以超过池塘总面积的2/3为宜。

②进水和施肥。水源要求水质清新，溶氧充足，无污染。向池中注入新水时，要用规格为60~80目网布制作的网袋过滤，以防止野杂鱼及其鱼卵随水流进入饲养池中。同时，施肥培育浮游生物，为入池后的虾苗直接提供天然饵料。往虾池中施肥，最好选用有机肥料，如施发酵过的有机粪肥，施用量为每亩300~500千克，使池水有一定的肥度。在虾苗放养前及放养的初期，池水应控制在较浅的水位，使水质易变肥；在饲养的中后期，随着水位的加深，要逐步增加施肥量。施肥量的多少要视水色而定，以保持池水透明度在35~40厘米为宜。

（3）虾苗放养。

①提高放养成活率。一是把好苗种进口关，要亲自去现场收购，不要收购用药捕来的苗种。二是把好苗种运输消毒关，在运输虾苗的过程中，要避免挤压，可用装有0.3%食盐水的喷壶喷洒消毒，以避免虾苗脱水，同时杀灭病菌。三是就近收购原则，就近收购可以缩短在途中的运输时间，提高放苗的成活率。

②放养方法。清塘后7~10天，池水药效消失，正是虾苗的适口天然饵料（如轮虫、枝角类等浮游生物）繁殖的高峰期，此时即可放苗。放苗前要进行“试水”，如果试水虾活动正常，无异常现象，说明池水药性完全消失。

③质量要求。虾苗规格在3厘米以上；同一池塘放养的虾苗规格基本一致。可以一次放足，也可以分批放养。体质健壮，附肢齐全，无病无伤，生命力强。

④时间及密度。克氏原螯虾虾苗放养量应视虾苗的规格大小、放苗时间及池塘条件灵活掌握。依据饲养的方式来看，具体有以下两种。一是春季放养，以放养当年孵化的第一批稚虾为主，放养时间在3月至6月中下旬。稚虾规格为3~4厘米以上，每亩放养1.5万~2万尾。二是秋季放养，以放养当年培育的大规格虾种为主，放养时间为9月中旬至10月。种虾规格每千克为30~40尾，以雌虾为主。若只养殖商品虾，则每亩需要放养15~25千克；若要翌年初春卖种苗，则每亩需放养雌虾50~100千克，它们大部分要到翌年3月以后大量的苗种孵出后出售；养殖到5月以后，就可起捕上市，商品虾规格为每只重超过25克。

（4）饲料投喂。

①种草养螺。克氏原螯虾食性与河蟹极为相似，饲料主要以草类为主，所以种好草是养殖好虾的关键。要求水草面积占池塘总面积的50%甚至70%以上。可以种大量的苦草（扁担草），其他的草类，如轮叶黑藻、伊乐藻等沉水和挺水植物以及一些漂浮植物也可。在放养前放入螺蛳，要求每亩200~300千克，之后还需要逐步添加。

②阶段投饲。在克氏原螯虾的饲养过程中，饲料的投喂应把握好以下原则：按照克氏原螯虾不同生长发育阶段对营养的需求，搞好饵料组合。虾苗、虾种主要摄食轮虫、枝角类、桡足类及水生昆虫幼体，因而应通过施足基肥、适时追肥，培养大量轮虫、枝角类、桡足类及水生昆虫幼体，供虾苗和虾种捕食；同时辅以投喂人工饲料，这个时期主要采用粉状饲料，如麦麸、豆饼。3月以后是克氏原螯虾快速生长阶段，此时应以投喂麦麸、豆饼以及嫩的青绿饲料、南瓜、山芋、瓜皮等为主，辅以动物性饲料。5—6月是亲虾性腺发育的关键阶段，8—9月则是克氏原螯虾积累营养准备越冬阶段，此两期应多投喂动物性饲料，如鱼肉、螺蚬蚌肉、蚯蚓等，以充分满足克氏原螯虾生长发育对营养的要求；推荐使用专用的颗粒饲料，以满足其蜕壳和生长的需要。颗粒饲料每天的使用量为虾存塘量的2%~3%（见图3.23）。

图3.23　无人机投饲

③日投饲法。按照克氏原螯虾的摄食特点，科学投饵。克氏原螯虾具有昼伏夜出的习性，常常夜晚出来活动觅食，同时还具有贪食和相互争食的特点，因而在饵料投喂上，每天要早、晚投喂2次，投喂以傍晚为主，傍晚投喂量要占到全天的60%~70%。克氏原螯虾的

游泳能力较差，活动范围较小，且具有占地的习性，因此饲料的投喂要采取定质、定量、定时、定点的方法，投喂均匀，使每只虾都能吃到，避免它们争食，以促进克氏原螯虾均衡生长。

④投饲管理。按照天气、水质以及克氏原螯虾的活动吃食状况，合理投饲。克氏原螯虾生长的适宜水温为 20~32℃，8—10 月水温在 20~32℃及水质状况良好的条件下，克氏原螯虾的摄食量相当旺盛，通常动物性饲料的日投饵量可按池中克氏原螯虾体重的 8%~12% 安排，干饲料或配合饲料则为 3%~5%。每天的投饲量还要根据天气、水质以及克氏原螯虾的活动吃食情况加以合理调整，天气晴朗、水质良好时应多投饲料，高温、阴雨天气或水质过浓时则应少投饲料；大批克氏原螯虾蜕壳时应少投，蜕壳后应多投；发病时或克氏原螯虾活动不太正常时少投。

投喂的饲料要适量、适口，不投喂腐败变质的饲料。每天投饲时，要检查上次投喂的饲料是否有剩余或池虾是否还在四处觅食，结合近期水温，合理增减投饲量；定期在饲料中添加多种维生素、免疫多糖等，以预防疾病发生。在池塘内水草不充足的情况下，一定要增加陆生草类的投喂。若池塘中人工种植的水草可以满足虾的需求，则夏季要捞掉多余的水草，以免腐烂后影响水质。

（5）水质管理。

①施肥肥水。饲养期间，应适时补施追肥。虾苗放养一周后，每亩可施发酵的畜禽粪 100~150 千克，培育浮游生物供虾苗摄食。在饲养的中后期，要视池水透明度适时补施追肥，使池水水色呈豆绿色或茶褐色，透明度在 30~40 厘米。水质不宜过肥，否则容易引起克氏原螯虾缺氧浮头。一般每半个月补施 1 次追肥，追肥以发酵过的有机粪肥为主，施肥量为每亩 15~20 千克。夏季要特别注意是否有克氏原螯虾缺氧浮头情况，尤其早上更要注意观察。

②调控水质。主要是保持虾池溶氧量在 5 毫克 / 升以上，池水 pH 值为 7.0~8.5，透明度约 35 厘米。应每 15~20 天注换 1 次水，每次换水量为池塘原水量的 1/8~1/5。每 10 天泼洒 1 次生石灰水，每

次每亩用量 3~5 千克。生石灰在改善水质的同时，还能增加池水中钙离子的含量，促进克氏原螯虾蜕壳生长。每半个月左右全池泼洒光合细菌 1 次，降低池中的氨氮等含量。池塘水位不要太深，通常水深保持在 1 米左右即可，高温季节水位可深一些，同时应保持池水水位稳定，不能忽高忽低。

③防止水污染和缺氧。在饲养期间，严防池水受到工业污染、农药污染等。当水中溶氧低、水质老化，或遇闷热、连续阴雨等恶劣天气时，应减少投饲量或停止投饲；若发现克氏原螯虾反应迟钝，集中到岸边侧倒，则说明池水缺氧严重，要及时注水或开启增氧机增氧。

（6）日常管理。

①加强巡塘。池塘养殖克氏原螯虾，要坚持每天早晨或傍晚巡塘 1~2 次，观察池塘水质变化，了解克氏原螯虾的吃食以及活动状况，搞好饲料投喂量的调整；清理养殖环境，发现异常情况及时采取措施。

②蜕壳期管理。克氏原螯虾的生长是通过蜕壳来实现的。为了便于加强对蜕壳虾的管理，应通过投饲、换水等措施促进克氏原螯虾群体集中蜕壳。当大批克氏原螯虾蜕壳时，应减少投饵，减少人为干扰，促进克氏原螯虾顺利蜕壳。大批克氏原螯虾蜕壳后，要及时增加投喂优质饲料，严防因饲料不足而引发克氏原螯虾之间的相互残杀。

③防逃措施。饲养克氏原螯虾的池塘要用塑料薄膜、石棉瓦、水泥砖、水泥板等材料建好防逃墙，还要考虑防逃墙内有足够的干地面积，最好有 2 米以上的距离，以防止克氏原螯虾打洞逃跑。尤其是在汛期，要做好防汛工作，严防大风大雨冲垮池埂或防逃墙引发逃虾。日常巡塘时要检查进、排水口是否完好，防止逃虾。

（7）捕捞运输。

①捕捞。克氏原螯虾生长速度较快，经过 1~2 个月的池塘饲养，成虾规格达到 30 克以上即可捕捞上市。应做到长年捕捞，这样有利于小虾的生长，也可防止因池塘内虾密度太高而造成相互残杀，影响产量和效益。3—6 月放养的虾苗在 5—9 月即可捕捞，冬季放养的虾种繁殖后的苗种翌年在 4—7 月即可捕捞。

克氏原螯虾捕捞的方法很多，可用虾笼（见图 3.24）、地笼网、手抄网等工具捕捉，也可钓捕，还可干池捕捉。在 4 月中旬至 7 月中旬，采用虾笼起捕效果较好；7 月下旬以后，地笼网捕虾量急剧减少，克氏原螯虾多打洞穴居，此时需调节水位方可捕捞。捕捞时多采取捕大留小的方法，达不到上市规格的虾应留池继续饲养。

需要注意的是，捕捞前防病、治病要慎用药物，否则会影响回捕率和商品虾的质量，影响养殖效益。

图3.24　虾笼捕捞

②运输。成虾捕捞起来以后，短途运输可以用塑料筐装运，规格为 60 厘米 ×40 厘米 ×40 厘米，一箱可以装运 20~25 千克；长途运输可以用泡沫箱装运，规格为 60 厘米 ×40 厘米 ×40 厘米；夏季高温季节可以带冰运输。

（五）病害防治

1. 预防措施

放养虾苗前，对池塘进行严格的消毒处理。放养时虾种要用 3%~4% 的食盐水浴洗 10 分钟，进行虾体消毒。加强池水水质管理，定期加注新水，调节池水水质。定期用生石灰水全池泼洒，定期全池撒漂白粉或消毒王，定期用生石灰对食场进行消毒，定期泼洒光合细菌。投喂的饲料要新鲜，不投腐败变质的饲料。在配合饲料中可以添加光合细菌等有益微生物。发现虾池中有鲶鱼、乌鳢等凶猛肉食性鱼类或者水蛇、水鼠等敌害生物时，要及时采取措施清除。

2. 常见病害

（1）烂鳃病。烂鳃病症状为病虾鳃丝发黑，局部霉烂。防治方法：经常清除虾池中的残饵、污物，注入新水，保持水体中溶氧在4毫克/升以上，避免水质被污染。用漂白粉2毫克/升溶水全池泼洒，可以起到较好的治疗效果。

（2）黑鳃病（见图3.25）。黑鳃病症状是鳃由红色变为褐色或淡褐色，直至完全变黑，鳃萎缩，病虾往往伏在岸边不动，最后因呼吸困难而死。防治方法：保持水体清洁，溶氧充足，定期用生石灰调节水质。患病虾用3%~5%的食盐水浸洗2~3次，每次3~5分钟。

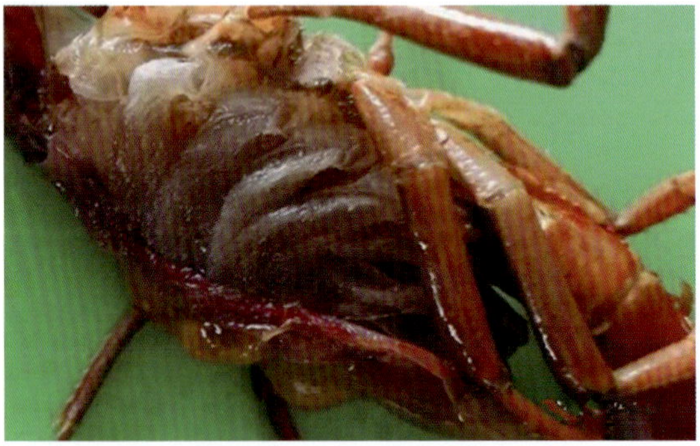

图3.25　克氏原螯虾黑鳃病

（3）烂尾病（见图3.26）。烂尾病感染初期病虾尾部出现水泡，边缘溃烂、坏死或残缺不全，随着病情的恶化，溃烂由边缘向中间发展。感染严重时，病虾的整个尾部溃烂掉落。防治方法：运输和投放虾苗虾种时，不要堆压和损伤虾体；饲养期间饲料

图3.26　克氏原螯虾烂尾病

要投足、投匀，防止虾因饲料不足而相互争食或残杀。发生后可用茶粕 15~20 毫克 / 升浸液全池泼洒，或每亩用生石灰 5~6 千克溶水全池泼洒。

（4）聚缩虫病。聚缩虫病症状为虾难以顺利蜕壳，病虾往往在蜕壳过程中死亡。该病在幼体、成虾均可发生，其中对幼虾危害较严重。防治方法：彻底清塘，杀灭池中的病原体。发生此病时可经常大量换水，以减少池水中聚缩虫的数量。

（5）纤毛虫病。纤毛虫病为纤毛虫附着在成虾和虾苗的体表、附肢和鳃上，大量附着时会妨碍虾的呼吸活动、摄食和蜕壳，影响其生长。尤其在鳃上大量附着时，会影响鳃丝的气体交换，引起虾体缺氧而窒息死亡。防治方法：保持合理的放养密度，注意虾池的环境卫生，经常换新水，保持水质清新；可用硫酸锌预防和治疗。

（6）综合急性死亡病（见图 3.27）。该病死亡个体中，以中、大虾为主，死亡之前表现症状为虾螯足无力、行动迟缓、反应迟钝、伏于水草表面或池塘四周浅水处；死亡前体色变黄，解剖后可见少量虾有黑鳃现象，普遍表现为肠道内无食物、有炎症，病虾头胸甲内有淡黄色积水。防治方法：一是在日常管理中加强水质管理和投饲管理，每

图3.27　克氏原螯虾综合急性死亡病

隔15~30天泼洒生石灰浆1次，每次每亩用量约为5千克，晴天中午开启增氧机2~3小时，并投喂优质的配合颗粒饲料及新鲜的草料；二是确诊该病后，池塘用二氧化氯消毒剂泼洒消毒，浓度为0.3~0.5毫克/升，或用碘制剂消毒，连续消毒2~3次，同时使用恩诺沙星拌饲料内服，用量为每千克饲料3~5克，连喂5~7天。

复习思考题

1. 克氏原螯虾的食性如何？
2. 怎样捕捞虾苗？
3. 预防克氏原螯虾病害有哪些措施？

四、青　虾

（一）品种介绍

青虾俗称河虾，学名日本沼虾，隶属节肢动物门甲壳纲十足目长臂虾科沼虾属。青虾对环境的适应能力较强，耐低温，是一种杂食性、生长快、繁殖力强的淡水经济虾类。

青虾肉味极鲜美，营养丰富，是名特优水产品中的上品，深受消费者欢迎，制成的产品在市场上畅销不衰。青虾营养价值较高，还含有丰富的微量元素和多种维生素。

经全国水产原种和良种审定委员会审定的青虾品种有杂交青虾“太湖1号”、青虾“太湖2号”（见图3.28），均由中国水产科学研究院淡水渔业研究中心牵头育成。杂交青虾“太湖1号”的生长速度提高了30%以上，可至少提早上市1个月，每亩产量平均提高25%，个体规格也得到明显提高。青虾“太湖2号”个体大、生长快，而且抗病能力强，病害少，对缺氧、蓝藻、水体急剧变化等异常环境的耐受能力高；遗传稳定，制种方便，不需要每代进行杂交配种。

图3.28　青虾"太湖2号"

（二）生物学特性

1. 外部形态

青虾体型粗短，由头部向尾部逐渐变小，成虾体长5~7厘米，体色青蓝，并带棕色斑纹。随生活环境的不同，体色深浅变化很大，与周围环境相适应。

青虾身体分为头胸部和腹部两部分，头胸部13节，腹部7节。头胸部被背甲所拟盖，背甲前端有一剑状凸为额刺。额刺尖锐、平直，上下缘有细齿，齿式12~15/2~4。青虾的附肢有19对，其中第一、第二触角为长鞭状，前2对步足末端呈钳状，后3对步足为爪状，游泳足5对，尾肢和尾节构成尾扇。

2. 生活习性

在自然环境条件下，青虾一般栖息于水草茂盛的缓流区域，夏、秋季节于浅水处索饵和繁殖；冬季至初春移向深水处，潜伏在水底的石砾、树枝或水草丛中越冬。青虾对环境的适应能力强，可生活于3‰盐度以下的水域，能忍耐不低于0℃的水温，在浙江省可自然越冬。青虾的游泳能力较弱，仅能短距离游动，通常在水草、水底处攀缘爬行，遇敌时做弹射式退却。青虾趋弱光而避强光，白天蛰伏于阴暗处，晚上出来觅食。

3. 食性

青虾是杂食性虾类，它用螯状步足钳住食物交替送往口中。在天然水域中，青虾以植物性饵料为主，包括水生植物的嫩茎、叶片、根须、丝状藻类、附着藻类及有机碎屑；动物性饵料包括水生昆虫的幼体、小型甲壳类、水生蠕虫、软体动物及杂鱼肉等。在人工养殖条件下，青虾偏食动物性饲料。在食物匮乏时，青虾会相互残杀，软壳虾及体弱虾易被同类摄食。青虾的摄食强度有明显的季节性变化，主要受水温高低的影响：在10℃以上开始摄食，10~30℃随水温升高而摄食增多，25~28℃为摄食最佳水温，8℃以下则摄食量显著减少，乃至停食。

4. 生长特性

青虾在整个生命期间需蜕壳20次以上，寿命可达14~15个月，分为胚胎发育期、蚤状幼体期、仔虾期和成虾期4个阶段。胚胎发育阶段从青虾受精卵到第一期蚤状幼体出膜，一般需20~25天；第一期蚤状幼体经过8~9次蜕皮发育变态成为仔虾，体长为约0.6厘米，时间需要15~30天；仔虾到成虾生长阶段，每隔7~11天蜕壳1次，经过20~30天的生长，体长超过2.5厘米；成虾生长阶段，一般每隔15~20天蜕壳1次，体长超过3厘米。雄虾生长速度大于雌虾。5—6月繁育的虾苗到11月初，最大雄虾体长可超过9厘米，重约11克；最大雌虾体长超过7厘米，重约6克。水温在10℃以下青虾基本停止生长。当年5—7月繁育的虾苗到翌年的繁育期后，亲虾会陆续死亡，雄虾先于雌虾死亡。

5. 繁育习性

（1）雌、雄虾区别。性成熟青虾的雌、雄个体在形态特征上有明显的区别。雄虾的第二对步足强大，长度为体长的1.2~1.7倍；雌虾的第二对步足较短小，与体长等长或略短。雄虾第二腹肢上有一指状的雄附肢，长度约为内肢的1/2，上着生粗壮的刚毛，雌虾没有附肢。

雄虾生殖孔开口于第五对步足的基部；而雌虾开口于第三对步足基部内侧，呈一小突起，周围有一大簇刚毛。

（2）性成熟期和产卵期。青虾的性成熟时间较短，在池塘养殖条件下，虾苗经过 1~2 个月的生长，体长超过 3 厘米时就可达性成熟；而在天然水域中，性成熟需要的时间较长，个体较大。在长江中下游地区，池塘养殖的青虾产卵期在 4 月下旬至 9 月初，产卵盛期在 5 月下旬至 7 月中旬，产卵时水温 18℃以上，适宜水温 22~30℃。春季天然水域水温提升较池塘慢，产卵期在 5 月中旬至 8 月上旬。青虾在春季有一个产卵高峰期，由越冬青虾产卵，连续产 2 次；在秋季的产卵高峰期，由当年春季孵出、生长并达到性成熟的青虾产卵。

（3）交配与产卵。青虾交配在临近产卵之前进行，雌虾每产卵 1 次，需要交配 1 次。雌虾在交配前先行生殖蜕壳，雄虾在雌虾新壳柔软时，与之拥抱交配。交配时雄、雌虾腹面相贴，侧卧水底或水草上，随后雄虾将精荚射出，粘贴于雌虾第四、第五对步足基部。在雌、雄虾交配 7~28 小时后，雌虾即行产卵，产卵多在夜间进行。产卵时雌虾腹部向前弯曲，腹肢煽动，卵粒从生殖孔中产出，与精荚中的精子相遇受精，卵黏附在第一至第四对附肢刚毛上。刚产出的卵呈浅黄绿色，随着胚胎的发育，其颜色逐渐变淡和透明，并出现深褐色的复眼。青虾的抱卵量因雌虾体形的大小而异，一般为 500~5000 粒。

（4）孵化与幼体变态。青虾携卵孵化，受精卵在抱卵室内得到良好的保护。在孵化过程中，其游泳足不停地扇动，以促进水体交换，保证足够的氧气供应胚胎发育。青虾用第一对步足整理卵粒，清除死卵和污物。在孵出幼体时，雌虾腹肢间断而快速地颤动，帮助新出膜幼体离开母体。青虾受精卵的孵化率可达到 95% 以上。水温在 19.5~26.0℃时，自雌虾产卵到幼体出膜的胚胎发育时间为 14~25 天，水温越高，时间越短。

青虾的蚤状幼体经过 9 期的发育变态成为仔虾，时间为 20~25 天。第一至第九期的蚤状幼体游动时腹部向上、头部向下，呈漂浮运动；仔虾与成虾的外形和运动方式基本一致，可做水平游泳。仔虾的体长约为5毫米。

（三）苗种繁育

1. 繁育条件

（1）池塘。养殖青虾时，亲虾和苗种的培育在池塘中进行。池塘面积为1~3亩，可比成虾养殖池塘略小，水深1.0~1.5米，池底平坦，底部淤泥留约10厘米，多余淤泥应清除。塘埂不漏水，池塘坡比为1∶（2~3）。在冬春季放养亲虾，或初夏放养抱卵虾。在生产季节前1个月左右，每亩池塘用生石灰100~150千克带水10~15厘米清塘消毒，并暴晒池底。

（2）水源。池塘外河水源应水量充足，附近地区没有工农业生产的污染，远离印染、电镀、化工等重污染工厂；育苗池塘边最好有四大家鱼养殖池塘，以提供适当肥度的水供青虾育苗使用。

（3）配套设施。池塘应有较完善的进、排水渠道及电力设施，每个池塘配备增氧机和水泵各1台。

2. 亲虾挑选

（1）亲虾来源。青虾亲本一般从养殖池塘中挑选，或从湖泊、河流中捕捞天然的野生青虾。亲虾的收集在秋、冬季节进行较好，此时水温较低，亲虾的运输及养殖成活率高；也可在繁育季节开始的5月初，直接从池塘或湖泊中收集抱卵亲虾，放入育苗池中孵幼培养。为保持青虾良好的种质及生长性能，不能从发病青虾养殖池塘中挑选亲本；一个区域内连续养殖青虾3~5年后，应及时更换亲本或与其他地方交换亲本。

（2）规格要求。亲虾选留的标准：个体较大、体表光洁、附肢齐全、健康无病、成熟饱满。雌虾要求规格：体长5厘米以上、个体重3克以上。雄虾要比雌虾略大。选留培养的雌、雄虾比例为（2~3）∶1。

（3）运输。一是活水车运输。可用木材制作青虾箱，通常规格为100厘米 ×50厘米 ×15厘米，每箱可放置青虾2.5~5千克，一层层叠放在大水箱中，用气泵或氧气瓶充氧。高温季节可放置冰块运输，以提高运输成活率。二是尼龙袋运输。采用规格为 70 厘米 ×40 厘米的双层尼龙袋，内放水 1/3，把青虾的额尖用塑料管套着或剪去，以防额角刺破尼龙袋。在秋、冬季水温 20℃时，每袋装 200~250 尾；在春、夏季水温 25℃时，每袋装 100 尾，排出空气、充入氧气，扎紧袋口，装入纸箱后运输。

3. 亲虾放养及培育

（1）池塘准备。池塘经过清整消毒，进水 1~1.5 米深，进水需经 60 目规格的尼龙网袋过滤，以防止野杂鱼类进入。把经过挑选的亲虾放入池塘中，进行自然越冬和培育。池塘又可作为幼体培育池。池塘四周种植轮叶黑藻等水生植物，或在水面放养水花生，供亲虾栖息。

（2）放养培育。一般每亩池塘放养亲虾 10~15 千克，放养时应避开冰冻期。也可在繁殖季节前直接每亩放养抱卵虾 10 千克。当池塘水温低于 10℃时，基本不投饲；当水温上升到 10℃以上时，可根据水温的高低适量投喂饲料，日投饲率为青虾体重的 1%~3%，一般使用青虾专用配合饲料。

4. 青虾幼体培育

（1）繁育季节。每年的 5 月中旬至 7 月为青虾苗种的最佳繁殖季节，此时水温达到 22~30℃，阴雨天数较少，幼体培育成虾苗的把握较大。在放养有亲虾的池塘，应定期检查抱卵虾的发育情况，当胚胎出现眼点、幼体即将孵出时，池塘应适当冲水刺激，促使幼体整齐孵出。在亲虾全部孵出幼体后，用地笼网具将其捕出出售。

（2）水质培养。在青虾蚤状幼体孵出后，进入幼体培育阶段。幼体变态到仔虾需要 20~25 天时间。幼体以水体中的藻类、轮虫、枝角类为食，池塘应保持一定的肥度，水质应肥、活、嫩、爽，透明度控制在 20~30 厘米，水色呈黄绿色。池塘应保持一定的浮游生物数量，如肥度不够，可打入另外池塘的肥水（要求该池塘近期应未使用菊酯类、敌百虫等对虾类有毒的药品）；可采用泼洒豆浆肥水的办法，视水质肥瘦情况，每亩每天用黄豆量为 1~2.5 千克，磨浆后全池泼洒；也可施发酵过的有机肥，每亩用量为100~200千克；或施钙、镁、磷肥和复合肥，每亩2~3千克。

（3）水质管理。在幼体培养初期，池塘水深应保持在60~80厘米，并随水温升高及幼体发育，不定期加注新水；后期水深应保持在1.2~1.5米，但水体透明度应不低于30厘米，一旦水质变清，则要加注肥水，或适当施肥。晴天中午可开启增氧机2~3小时，以改善水质。在培育期间，可使用枯草芽孢杆菌、光合细菌等微生物水质改良剂1~3次。

（4）投饲管理。幼体发育变态成仔虾后，转为底栖生活，可摄食人工饲料，此时可以适度投饲。饲料种类有鱼粉、蚕蛹粉及青虾配合饲料破碎料等。每亩每天的用量为0.5~1.0千克，投饲率约10%，一天投喂2~3次，一般上午、下午及晚上各投喂1次，晚上投喂量宜稍多。

5. 虾苗捕捞

仔虾经过10~20天的培养，体长达到1.5厘米以上时就可捕捞出池，或放养进行成虾养殖，或出售。正常情况下，每亩虾苗产量为30万~50万尾。捕捞宜选择在晴天的上午进行，同时也要避开在高温季节的中午操作，以防虾苗缺氧死亡。捕捞虾苗可采用以下方法：

（1）密网围捕。首先应放低水位，然后拉起网角，将网内的虾苗带水用面盆放入已准备的集苗网箱内。拉网时速度要慢、步子宜小而轻快。起网时不可离水操作，以防虾苗黏附于网衣而干死。

（2）抄网扦捕。在水花生等水面植物下，可单人用抄网操作进行捕苗。此方法适宜在池塘较小、需求量较小时使用。

（3）流水捕捞。先将池塘内的水生植物适当捞除一些，然后在池塘出水处，用PVC管作出水口，出水口下面放集虾网箱。集虾网箱应放置在有一定水位的渠道内，箱内应充气，池塘放水时，虾苗顺水游入集虾网箱中。流水捕捞的优点是对虾苗的损伤小，劳动力节省，虾苗的运输成活率高。

6. 虾苗运输

（1）虾苗暂养。虾苗起捕后，应在网箱中暂养 1~2 小时，待其适应后再进行运输；网箱内应捞除杂草及污物，并充气增氧，以防虾苗缺氧死亡。集虾网箱用 40 目规格的尼龙筛绢制成，规格为 100 厘米 ×70 厘米 ×40 厘米，每箱可集虾苗 5 万 ~10 万尾。

（2）虾苗运输。虾苗运输一般采用尼龙袋充氧或水箱充气运输。长距离运输采用尼龙袋充氧运输方法，袋中装水约 1/3，将计数过的虾苗装入袋中，排除空气、充入氧气，用橡皮筋扎紧袋口，放入纸箱中待运。运输过程中应防止阳光曝晒。根据虾苗规格大小、运输距离远近及温度高低情况，每袋可装虾苗 3000~5000 尾，运输时间在 4~18 小时。中、近距离宜采用水箱或帆布篓运输，水箱内不间断充气，装运密度为每立方米 20 万 ~40 万尾，运输时间应控制在 5 小时内。

（四）人工养殖

1. 青虾池塘双季养殖

（1）养殖条件。养殖池塘经过改造和修整，一般都可以作为青虾养殖池塘。经过多年养殖的池塘要清除过多的淤泥，使底部淤泥控制在 10 厘米以内。土壤以黏土或壤土为好，因为这两类土壤保水性能好，可保证池塘不漏水。酸性土壤的池塘要在使用前用生石灰处理池塘底质，使其呈微碱性。池塘形状以长方形为多，长宽比为 3∶1~3∶2；以东西向长、南北向宽为宜，这样的虾池光照时间长，投饲管理和拉网操作也较为方便。虾池面积多为 1~5 亩，一般不超过 10 亩，面积太小，水质理化因子变化大，不利于青虾生长；面积太大，管理和操作又不方便。池塘深度一般在 1.2~1.8 米，夏季应能蓄水 1 米以上。池塘的埂面宽度应在 2 米以上，塘埂的坡比以 1∶3 为宜。

青虾养殖场应交通便利，运输车辆可直接进场。电力设施应完备，每亩适宜配备的容量为 0.3~0.5 千伏安，低压电线路应直达每个池塘。应建设较完善的进、排水系统，最好是进、排水管渠分开设置，进水渠可用“U”形水泥板，或用 PVC 管道，排水渠一般用明渠较好。1个约50亩面积的中小型青虾养殖场，需配备10.16厘米（4英寸）或15.24厘米（6英寸）的水泵2~3台；叶轮式或水车式增氧机的配备功率为每亩0.5千瓦，也可同时配备微孔管底增氧设备；每10~20亩养虾面积配备1台罗茨或旋涡风机，功率2.2千瓦，总、支气管内径为75毫米，底部微孔管内径为12毫米，微孔管布设采用多点条形或盘形布局，每亩布设长度40~60米，微孔管离塘底部10~20厘米，用木桩固定或砖块垫起。

青虾养殖场的外河水源要充足，避免干旱或洪涝。水源附近应无工业、农业和生活污染，特别是不能受到化工厂、印染厂、电镀厂等污染的影响。水体pH值宜为7~8，中性或微碱性，水应无异色、异味。外河水源要流动，水草不能覆盖太多面积。

（2）池塘消毒。经过一个养殖季节后，在放养青虾苗种前1~2个月，池塘一定要清整消毒，清除底部多余的淤泥，一般留约10厘米，并经过阳光曝晒，使底质的有机物得到分解，以利于水质培养。清除的淤泥可用于修补塘埂、塘坡。

在放虾苗前半个月到1个月（5月下旬至6月中旬），池塘带水15厘米，每亩用生石灰75~100千克化浆后全池泼洒。泼洒应均匀，以杀灭野杂鱼类及病原体，并改善池塘底质。清塘消毒后从外河进水时，用规格为60目的绢网制成的网袋过滤，以防止野杂鱼类及其卵进入，否则养殖产量及出池规格将大幅降低。

（3）虾苗放养。在放养虾苗前的3~5天，池塘注水0.6~0.8米，进水需经过网袋过滤。多年养殖的池塘一般用生石灰清塘后，水质肥度能达到要求，不需要施肥。新开挖的池塘，如池水肥度不够，可注入其他鱼塘肥水，或者每亩施无机肥2.5~7.5千克（磷肥或复合肥），或者每亩施发酵过的有机肥100~200千克，以培养浮游生物。进水后保持池塘水体的透明度在30~40厘米，水色呈黄绿色。

放养虾苗前应先进行试水：在池塘内放置小网箱，网箱内放养少量虾苗，观测1天，若虾苗活动正常，确认石灰碱性消失，可以大批放养。虾苗放养时间宜在6月下旬至7月底，水温以25~30℃为宜，避免在中午高温时放养。放养时将尼龙袋在水中浸 10分钟，待袋内外温差小于 2℃时放入池塘。放养的虾苗规格为体长 1.5 厘米以上，每亩放养 4万 ~6万尾，要求虾苗规格整齐、活力强、体色正常、无病状。

在青虾养殖池塘搭养滤食性鱼类能改善池塘水质，增加收入。一般放养一龄仔口鱼种50尾，规格为体长10~15厘米，其中鲢鱼30尾、鳙鱼 20尾，不放养鲤鱼、草鱼等吃食性鱼类。

（4）栽种水草。养殖池塘内需栽种水生植物为青虾提供栖息及隐蔽场所。栽种的水生植物主要有浮水性的水花生、空心菜和沉水性的轮叶黑藻、伊乐藻等。底层水草可在青虾苗种放养之前栽种，以便实际操作；而浮水性水草在青虾苗种放养前后都可以栽种。如栽种从外荡捞来的水花生或轮叶黑藻等，则需要将水草清洗干净，以免将黏附在水草上的野杂鱼卵带入养殖池塘中。

水草种植面积一般占池塘总面积的 20%~30%。浮水性的水草栽种面积不得超过池塘面积的 20%，因为养殖池塘浮水性水草过多会影响水体浮游植物的光合作用，使水质变坏。沉水性水草较多，可增加青虾栖息面积，但会导致青虾捕捞时困难增大，而且可使水体变清、变瘦，容易导致丝状藻类滋生。因此，对于养殖池塘内过多的水草应及时清除，以免影响养殖效果。

（5）投饲管理。在整个青虾养殖过程中，应全部投喂优质全价颗粒配合饲料，不用粉状及鲜活饵料。饲料要求采用优质原料，制成的颗粒粒径、长短均匀一致，色泽一致，粉末少，气味纯正、无异味，水中稳定性不小于 2小时，溶失率不超过 12%。配制的饲料营养要求完全、平衡，粗蛋白含量为 35% 以上，粗脂肪含量为 5%，添加维持虾类健康所必需的维生素和矿物质。

根据青虾的摄食习性，在不同阶段投喂饲料的种类、数量和次数应不同，一般幼虾期投饲量为池内虾重的 5%~10%，成虾期为 3%~5%。在放养虾苗 30天内应投喂细碎料，其投喂量每亩每天从 0.25 千克逐步增加到 0.75 千克，每周调整 1次；30天后随着青虾的生长，应投粒径为2毫米的配合颗粒饲料，其投喂量每亩每天从1.0千克逐步提高到2.5千克，每星期增加1次投饲量。在养殖初期，每日上午、中午、下午各投饲1次；在养殖的中后期，每日投饲2次，8—9时投饲总量的30%，17—19时投饲总量的70%。池塘投饲量的高峰期在9月中旬至10月中旬，之后投饲量随水温的降低而减少。投喂饲料应沿池塘四周均匀撒投，上午投于池塘的深水处，晚上投于池塘的浅水处。应根据青虾的存塘量、水温、天气、病害等状况每日调整投饲量，次日早晨检查池塘剩饵情况，要求以虾全部摄食完为宜。在池塘水质变差、气候异常时应减少或停止投饲。

（6）水质管理。青虾养殖池塘水质的总体要求是“肥、活、嫩、爽”。青虾养殖对水质的理化因子要求较高，水体透明度应控制在30~40厘米，前期可适当肥一些，后期应淡一些，水色以黄绿色为好。水中的溶氧量要达到3毫克/升以上，氨氮、亚硝酸氮及硫化氢的含量应较低。在养殖初期，池塘水位应保持在80厘米左右，并每隔1周视塘水肥瘦情况，加注外河水或外池塘肥水10~20厘米。在夏季高温季节，应保持水位在1.2~1.8米。

可采用多种方法调节池塘水质，使青虾生长良好。使用生石灰化浆泼洒可调节池塘水质，使pH值控制在7.5~8.5，同时还能增加水中钙离子含量，以促进虾的生长。生石灰宜每20天泼洒1次，每次每亩使用量为5~10千克，一般在晴天的上午施用，避开高温中午施用，阴雨天禁止施用。

在养殖过程中，也可定期使用芽孢杆菌、光合细菌、乳酸菌等微生物制剂来改善池塘水质，抑制水体中蓝藻、致病微生物的生长。一般每10~20天使用1次。在池塘施用消毒剂或杀虫剂使水质遭到破坏后，使用芽孢杆菌效果较好；在水质过浓、藻类生长过旺时，使用光合细菌或乳酸菌效果较好。在使用微生物制剂的前后5天禁止施用消毒剂。

7—10月，池塘配备的增氧机要在晴天的中午开启3~4小时，一般在每天的11—14时应用，以充分搅动池塘水体，使水体上、下层的溶氧含量、水温一致，水中营养物质得到分解，以改善水质。装备有微孔管底增氧设施的池塘，也应在晴天的中午开启设备。

青虾对水中溶氧量要求高，窒息点也较高，水中的溶氧量低于1毫克/升时，即可因缺氧死亡。为防止池塘缺氧死虾现象发生，除日常做好水质调控工作外，平时还应密切掌握天气的变化情况，坚持早晚巡塘，观察池塘水质及青虾的活动情况。在天气闷热、阴雨天时，应减少投饲量，并及时开启增氧设施。如池塘水中缺氧，虾类首先会成群沿池周游动，或跳到水草上，软壳虾最先死亡，这种情况下应采取开启增氧机、撒增氧粉（过碳酸钠等）、加注新鲜水等急救措施。

（7）春季养殖。夏季放养的虾苗经过半年多的养殖，大部分在春节前后捕捞上市，而秋季自繁苗种未达到上市规格的，可继续留塘，养殖到翌年的5月上市，这一阶段为青虾的第二季养殖。第二季养殖的青虾一般每亩放养7.5~10千克，虾种规格为每千克1600~2000只，每亩产量可达到30~50千克。宜适当搭养仔口鲢、鳙鱼种，每亩30~50尾，以控制池塘水质。

春季养殖时，早春水位应控制在60~80厘米，水透明度在30厘米左右。随着水温的升高，每10天加注新水1次，逐渐提高水位至1.2米。4月上旬开始，可施用微生物制剂对水质进行调控，晴天中午开启增氧机2~3小时。

水温升高至10℃以上可开始投饲，3月每2~3天投饲1次，每次每亩约0.5千克，在温度较高的下午投喂；4月每天投喂1次；5月水温上升到25℃时，每天上午、下午各投喂1次，投饲率约为青虾体重的1%。5月底前应捕光池塘内的青虾上市，对池塘进行清整消毒，或挑选符合规格要求的青虾作为亲虾，留在池塘内繁育虾苗。

（8）青虾捕捞。青虾的捕捞方法主要有抄网、地笼、拉网、拖虾网和干池捕虾。

①抄网捕虾。青虾养殖池塘通常栽种有浮面水草。每年11月以后，随着水温降低到10℃以下，青虾停止摄食，栖息在水草根枝上。此时，可用抄网在水草下面抄捕，效果较好。如圆形虾抄网特别适

宜抄捕水草下的虾，在1口半亩左右的养虾池中，单人作业1.0~1.5小时，可捕青虾5~10千克。连续10~15天的作业，总抄捕率可达70%~80%，并可达到捕大留小、均衡上市的目的，对提高池塘养虾经济效益有很好的作用。

②地笼捕虾。地笼是使用在外荡、湖泊捕捞虾蟹的工具，用聚乙烯材料制成圆形或方形的网身，长度为5~15米，边上开有多个倒喇叭形口子，青虾可随着运动，一直爬到网身的一端而被捕获。青虾养殖过程中，个体差异较大，常年的捕大留小可控制池塘中青虾的数量，促使小虾加快生长，增加总产量，从而提高养殖经济效益。

③拉网捕虾。如果养虾池池底平坦、淤泥少，基本无沉水水草，则可用拉网捕虾。一般可以借用捕夏花鱼种的被条网，用拉网捕虾行之有效，三网作业可起捕70%以上的成虾，但拉网捕虾，虾易受伤，尤其是小虾死亡率高。在拉网前要准备好网箱，将起捕的虾马上放入网箱中，用气泵增氧，再用网筛滤出成虾上市，而幼虾仍可以继续养殖。

④拖虾网捕虾：在一些底质平坦，无底层杂草，淤泥不是很厚的池塘，可用拖虾网捕。该网小巧玲珑、可双人作业、操作简单、可捕大留小、虾不易受伤等优点。连续作业也可起捕50%以上的成虾，操作时两人各立池塘一边，将绳两边来回拖数次后，起网1次，产量高时，每网也可达数千克。

⑤干池捕虾。每年12月至翌年2—3月份，水温较低，青虾基本停止生长，在用其他方法捕不到虾时，便可采用排水干塘捕虾，干池时，可将3厘米以下的小虾留养，也可待早春作为春虾苗种出售放养，这种虾放养规格大，产量高，效益也好。

（9）青虾运输。青虾运输方法主要有两种。一种是干法运输。该法适合于冬季小批量商品虾的短途运输，装运青虾的容器内覆盖水花生、轮叶黑藻等水草，以保持虾的湿润状态。虾应均匀放置，不能重压或堆积在一起，以免受伤或缺氧死亡。在运输中也不能受冻和受太阳光直射。另一种是专用虾箱运输。该法适合于大批量的汽车长途运输，一次运输量可达到400~1500千克，运输距离最长可达1000千米以上，运输成活率为80%~90%，且不受季节的限制，操作与管理简便。由铁板焊接制成的虾箱，可按容量大小分为5000千克级、3000千克级、2000千克级，分别可装运1000千克、600千克、400千克青虾。专用虾箱配备有增氧泵及动力系统，虾箱内装有增氧管道，以便在运输途中连续充气增氧。青虾放置在专门制作的集虾箱中（见图3.29），再依次层层放入大的虾箱中。集虾箱由钢筋、铁丝及无节网片制成，规格为85厘米×40厘米×10厘米。每只集虾箱可装10千克青虾，每只虾箱按水容量的大小配备几十至上百只集虾箱。

图3.29　集虾箱

2. 河蟹/青虾生态混养

（1）池塘条件。该养殖方法的池塘条件与青虾的单品种养殖基本相同，面积可适当大一些，最好有一定面积的浅水区，塘底应平坦、少淤泥。

（2）防逃设施。池塘四周一定要做好防逃设施，制作材料一般用铝皮、加厚薄膜、钙塑板等，防逃设施应埋入土中20~30厘米，高出堤埂50厘米，并每隔50厘米用木桩或竹竿支撑。池塘的四角应呈圆角，防逃设施内应留出1~2米的堤埂。池塘外围宜用网片包围，高1米，以利防逃和便于检查。

（3）种植水草。池塘中应保持一定数量的水草，以提供河蟹及青虾栖息、避敌、蜕壳的场所。在夏季高温季节，水草还可降低水温，促进河蟹的生长。常用水草的品种为沉水的轮叶黑藻，或结合使用伊乐藻和浮水的水花生，浮面水草的面积不宜超过池塘总面积的30%，沉水水草的面积不宜超过池塘总面积的70%，生长过多的水草应及时割除。

（4）放养螺蛳。在蟹种放养的同时，每亩池塘还可放养螺蛳200~400千克。大量繁殖的小螺既可作为蟹的活饵料，同时由于螺蛳摄食浮游生物和有机物质，也可起到净化池塘水质的作用。

（5）苗种放养。蟹种宜选择自己培育或本地培育的长江系种，尽量不要购买外地的蟹种。蟹种放养的时间应在深秋初冬（11月至12月底）和初春（2月底至4月初），以初春放养更为适宜，水温应在4~10℃，应避开冰冻严寒期。放养密度为每亩一龄蟹种600~800只，蟹种规格为每千克120~200只，要求规格整齐、无断肢足、无病斑。

虾苗放养时间在6月下旬至7月下旬，每亩放养密度为2万~4万尾；虾苗规格为每千克0.5万~1.0万尾，不放养有红鳃、红体病的虾苗；避免在高温季节的中午放养。

池塘可搭养鲢、鳙鱼种调节水质，减轻浮游藻类过量繁殖的程度。每亩可放养一龄鲢鱼20尾、一龄鳙鱼10尾，规格为每千克20~30尾；或每亩放养鳜鱼10~30尾，规格为体长6厘米。

按以上放养要求，在正常养殖管理下，每亩可产河蟹50~75千克，青虾20~30千克。

（6）养殖管理。池塘中已培育有螺蛳、水草等天然饵料，只是解决了虾蟹的部分饲料来源。因此，在整个饲养期间，做好饲料投放工作非常重要。投喂虾蟹的饲料种类主要有虾蟹配合颗粒饲料、螺蚬，另外搭配少量的大小麦、豆粕等植物性饲料。在饲养前期（3—6月），投喂颗粒饲料和螺蚬为主；在饲养的中期（7—8月），特别是在高温天气，减少动物性饲料的投喂数量，增加水草、大小麦等植物性饲料的投喂量，以防止河蟹过早性成熟和消化道疾病的发生；在饲养后期（8月下旬至11月），投喂动物性饲料和颗粒饲料为主，以满足河蟹的生长和育肥所需，同时适当搭配少量的植物性饲料。在饲养过程中，投喂的饲料要求新鲜、不变质。在日投饲控制上，宜每日投喂 1~2 次。饲养前期每日投喂 1 次，饲养中后期每日投喂 2 次；上午投饲总量的 30%，晚上投饲总量的 70%。饲料应均匀投在浅水区，并坚持每日检查吃食情况，不过量投喂。

在整个饲养期间，应始终保持水质清新、溶氧丰富，池水透明度应控制在 35~50 厘米，前期可偏肥，后期宜稍瘦。养殖初期（3—5 月）池塘水深宜在 0.5~0.8 米，6 月后逐步加深水位，每 5~7 天添加新水 1 次，高温季节池塘水深应达到 1.2~1.5 米，并每天灌注外河水约 20 厘米。水草的覆盖率应达池塘面积的 30%，以降低水温，保持一个使河蟹良好生长的水环境。每 20~30 天使用生石灰来调节水质，使池塘水呈微碱性，并可增加水中钙离子含量，以促进虾蟹生长。一般每亩每米水深每次用生石灰 2~5 千克，化浆后全池均匀泼洒，注意在高温季节减量或停用。每 15~20 天可施用微生物制剂改善水质，该法在换水不便或高温季节时效果特别明显。

3. 罗氏沼虾与青虾轮养

（1）季节安排。池塘第一茬养殖罗氏沼虾（或南美白对虾），第二茬养殖青虾，可充分利用池塘空闲期，提高养殖经济效益。罗氏沼虾（或南美白对虾）的养殖时间为 4—9 月，每亩产量为 200~250 千克；第二季青虾的养殖时间为 9 月至翌年 2 月，每亩产量为 25~40 千克。

（2）养殖管理。第一茬养殖罗氏沼虾（或南美白对虾）的池塘条件、清整消毒、苗种放养、投饲管理、水质管理等基本与罗氏沼虾的单季养殖要求相同。

（3）青虾养殖管理。8 月底至 9 月上旬，在罗氏沼虾（或南美白对虾）起捕后进水 1 米，进水需经 60 目网眼规格制成的网袋过滤。每亩放养青虾苗种 2 万 ~3 万尾，虾苗规格在 3 厘米以上，或在 6 月池塘中套养抱卵青虾，每亩放量 1~2 千克。投喂粒径为 2 毫米的青虾专用颗粒饲料，粗蛋白质含量在 32% 以上。投饲量从每亩 0.25 千克开始，逐渐增加，最高达到每亩1千克。到10月中旬后，水温降低，投饲量逐步减少，每天投喂2次，8时投饲总量的1/3，17时投饲总量的2/3。

加强水质管理，水透明度保持在30~40厘米。在池塘两侧放养水花生，面积占池塘水面积的20%，供虾栖息。深秋后，保持池塘水一定的肥度，以减少黑壳虾的产生及丝状藻大量繁殖。虾苗饲养到春节前后，大部分虾可达到商品规格，此时用地笼定置网、抄网捕捞上市。

（五）病害防治

1. 预防措施

（1）控制和消灭病原体。使用生石灰对养殖池塘进行清塘消毒；对于使用的工具，应定期用漂白粉浸泡消毒；放养优质健康的苗种。

（2）改善养殖水质。使用优质水源；合理使用增氧机等渔业机械来搅动水体，增加溶氧量；利用芽孢杆菌、光合细菌、乳酸菌等微生物水质改良剂，减少水中的氨氮、亚硝酸氮、硫化氢等有毒物质。

（3）加强养殖管理。配备良好的进、排水渠道和渔业机械设施；进行合理的投饲、水质管理；加强巡塘，勤于观察，谨慎操作。

（4）增强青虾抗病能力。放养优质苗种，选用优质饲料，饲料中添加维生素、多糖、活性皂苷等免疫增强剂，合理用药。

图3.30 青虾烂鳃病

2. 主要病害

（1）黑斑、红鳃、烂鳃及红点病（见图3.30）。该病流行于4–10月，在水温20~36℃时发病面积较大，严重时病虾死亡率可达20%~80%，青虾、罗氏沼虾及河蟹均是该病的感染对象。患病虾类症状为身体上有黑点、鳃溃疡有泥、断足须，有的身体发红；患病河蟹身体及足上有褐斑，有的有洞，鳃不干净、发黑有泥。

防治方法：用聚维酮碘（或其他消毒剂）稀释后全池泼洒，使池水碘浓度达到5~10毫克/吨（有效碘含量），连续泼洒2~3次；结合恩诺沙星或氟苯尼考药物内服1周，每千克饲料掺药3~5克。

（2）水霉病。该病在早春和晚冬时节最为流行，水温在10~20℃时最容易发生。症状为虾体表面覆盖一层白色绵状物。

防治方法：用二氧化氯全池泼洒，使池水氯浓度达到0.3~0.5毫克/升。

（3）纤毛虫病。患病虾、蟹体表有许多柔毛状物，手摸有滑腻感，行动缓慢，呼吸困难，蜕壳困难，对低氧敏感。

防治方法：大量换水，促使其蜕壳；用硫酸锌溶液全池泼洒，浓度按使用说明指示。使用药物后要注意水质变化，并开启增氧机，1天后适当换水。

复习思考题

1. 青虾池塘双季养殖需要哪些条件？
2. 河蟹/青虾生态混养时，怎样放养苗种？
3. 罗氏沼虾与青虾轮养的季节安排是怎样的？

五、红螯螯虾

（一）品种介绍

红螯螯虾（见图3.31）属于甲壳纲十足目拟螯虾科滑螯虾属。原产于澳洲北部的热带地区，因粗壮威武酷似海中龙虾被称为澳洲淡水龙虾。红螯螯虾外壳带有青色，长到75克左右就可食用，其个体一

图3.31　红螯螯虾

般在50~100克，个别大者可达500~600克，其体色鲜艳，肉细味美，营养丰富，可食部分约占60%，出肉率高，肉质具蟹肉风味，又比蟹肉嫩、滑、脆，味美而香甜，风味别具一格，是名贵的营养食品，低脂肪，且富含高蛋白和人类必需的钙及多种氨基酸，20世纪80年代以来，美国、日本以及东南亚等国家和地区陆续引进并发展商业养殖。我国于1992年引进，首先在广东和湖北两省试养成功，后又逐步推广到江苏、湖南、北京等地。

（二）生物学特性

1. 外部形态

红螯螯虾外形分为头胸部和腹部，全身20个体节，头胸部有13个体节，腹部有7个体节。体表被覆几丁质甲壳。双肢型附肢。1对螯肢，这对螯肢即第一对步足，另外4对步足不如第一对强壮。大触角1对，小触角2对。在腹部有游泳足4对，分别生于第二至第五腹节。尾节和第六腹节的尾足演变成尾扇。头胸部外被头胸甲，前方为额剑。雄虾在第五对步足基部有1对生殖突，其中间有生殖孔。雌虾在第三对步足基部有1对生殖孔，较明显。雌虾比雄虾个体小。体色变化与光照强度有很大关系，在池水肥度适宜、透明度为30~50厘米的情况下，红螯螯虾体色较鲜艳；在池水透明度很深、光照很强的情况下，红螯螯虾体色较深，偏向于褐色。红螯螯虾的体色，在光照正常时为蓝绿色，在光照过强时可转变成绿褐色。因此，养殖时为了得到鲜艳的体色，一定要控制好水体的透明度。

2. 生活特性

红螯螯虾喜暗光，营爬行生活，常攀缘在水草、石块和其他固体上。在正常条件下，白天多潜于洞穴中，夜间出洞觅食、蜕壳和交配，多数聚集于浅水边。性好斗，互相保持一定距离，以触角不能触及为准。不善于浮水游泳，稍遇惊吓，即弹跳躲避，迅速逃回深水中。喜欢新水，环境不适时也会在陆地进行栖息。

红螯螯虾用鳃呼吸，水体溶氧条件对其生长和发育及对其食物转化和水体内有毒物质的转化十分重要。红螯螯虾虽然耐低氧，但是当水体溶氧量达到4毫克/升以上时会更有利于提高生长速度。

红螯螯虾温度适应性广，安全气温为3~37℃，最适生长温度18~32℃，养殖时限长，中国南北均可养殖。生长速度快，3~6厘米的虾苗养殖4~5个月便可上市。耐低氧（养殖可不设增氧机），能忍受各种劣质水体，耐运输（可脱水长、短途干运，本地及空运充氧运输）。个体适中，可鲜活上市。虾苗成活率达90%，每亩产量均在220~250千克。抗病力强，至今没发现重大疾病；食性杂，要求饲料蛋白质低，肠道细，食量少，饲料成本更低。

3. 食性

红螯螯虾的食性随发育阶段而异。刚孵出的幼体以其自身卵黄为营养；第一次蜕壳后开始摄食浮游植物及小型枝角类幼体、轮虫等；经四五次蜕皮后，可摄食小型枝角类和桡足类；幼体变态结束则转为杂食性。红螯螯虾个体较大，适应性强，繁殖率高，养殖周期较短，寿命也短，一般为4~5年。红螯螯虾主要靠不断蜕皮进行生长发育。其蜕皮的先兆是甲壳颜色失去光泽变暗，而且螯足基部及胸部周缘部的膜变得柔软。开始蜕皮的螯虾身体侧卧弯曲呈“V”字形，胸部和腹部的接合部产生裂孔，从这时开始 5~20 分钟蜕出。蜕皮后迅速吸收大量水分，以增加体长和体重。

4. 繁殖

红螯螯虾性成熟时间要 6 个月以上。如果条件适宜，1 年里可以多次怀卵。卵产出后附着于腹部。1 次的抱卵数量依雌虾体重和营养情况而定，一般是从上百粒到数千粒。50 克重的雌虾抱卵数为 300~600 粒，100 克重的雌虾抱卵数为 600~1000 粒。抱上卵后，不论雌虾活动还是摄食，都会用游泳足扇动水流给卵供氧和保持恒定的条件。当有扰动时，亲雌虾立刻用尾部蜷护住卵块，避免卵受到损害。孵化大约要经过 26~46 天的时间。雌虾性情对比于雄虾要温和一些，有保护虾苗的习性。虾苗孵出后，在 7~12 天一直在雌亲虾的腹下部卵壳处生活，同时受到雌虾保护，稍健壮后才离开母体独立活动。

（三）苗种繁育

1. 亲虾选择

（1）亲虾的条件。选择亲虾要求活力强、附肢完整、躯体光滑、无附着物和病害，是成虾。为了获得较高的繁殖力，要选择体长在 9 厘米以上、成熟度好的、有较大产卵力的大螯虾。此外，还要按规格大小分组，并且雌雄相配一定要适当。

（2）雌雄鉴别。同龄螯虾的雄性个体大于雌性，且雄性成虾 2 个螯足前端外侧有 1 个鲜红柔膜质斑块，外观极易与雌性区别。

（3）雌雄比例。在自然养殖的条件下，雌雄比例需要雌性稍多一些。在繁殖过程中，雌雄比例以 2∶1 较为合适。

（4）亲虾开始培养的时间。尽管螯虾的生存温度范围比罗氏沼虾宽，但如果亲虾开始培育的时间过晚，水温低于 11℃，亲虾就会出现大量死亡。实践表明，浙江地区在 11 月底前开始培育为好。

2. 亲虾饲养及培育

亲虾是人工繁殖极其重要的物质基础。因此，采用适宜的饲养管理方法，提高亲虾的成活率，是人工繁殖的首要任务。

（1）培育池。亲虾培育池是亲虾的生活环境，培育池的优劣直接影响亲虾的生长发育。目前，生产上的培育池主要有两种：水泥池和土池。培育池的选择必须考虑以下情况。一是根据生产规模选择一个面积适宜的亲虾培育池。但无论场地大小，其所处的位置都应该水源良好，排灌方便，空气新鲜，环境安静，不受自然和人为的干扰。二是面积要因地制宜，大规模生产一般要在80平方米以上，甚至达2000平方米以上，水体大，水质较稳定；小规模生产的培育池可以数平方米至十数平方米。三是水深一般在50~60厘米。尤其是越冬期，土池水应加深，这样有利于水温的恒定，以减少能源的浪费。四是水质要清新，溶氧要高。特别是强化培育期间，溶氧要求在4毫克/升以上。越冬期间的温度应控制在16~18℃。五是为了减少亲虾的自相残食现象，应在高密度放养的培育池中加竹筐、挂网、毛竹等隐蔽物。由于在土池越冬期间的亲虾容易打洞，因此最好的办法是在水池的斜坡加灌水泥，堤埂周围用塑料膜埋设高度为30厘米的防逃墙。

（2）亲虾放养。亲虾放养之前，水泥池要清理消毒，土池要清除淤泥、污物和残饵，修补漏洞，搞好防逃、排灌及保温设施。一般亲虾进池前，要用生石灰或漂白粉等药物进行池水消毒，然后进行亲虾的放养。一般视水池的面积、培育季节、亲虾生理状况及个体大小决定亲虾放养密度。根据生产实践经验，每立方米水体可放20只左右规格为每千克16只的亲虾。

（3）亲虾的培育及管理。亲虾由于抱卵量少，因而必须提高亲虾培育过程中的成活率，才能保证苗种生产的产量。在培育及管理上必须保持良好的水质、丰富的营养、充足的氧气和适宜的温度及良好的防逃设施。

良好的水质使亲虾有一个很好的生活环境。一般要视水色、水的透明度及天气的情况加水和排水。每隔3~4天换水1次，每次换池水的1/3，以保证水质良好。营养是亲虾性腺发育的物质基础，除了在池内投放少量的水生植物（如水葫芦等）外，早期培育一般投喂市售蛋白质含量较高的虾蟹颗粒饲料。在越冬过程中，可定时充氧；在强化管理过程中，必须不间断充氧。强化培育升温时，温度控制在28~30℃。另外在土池饲养时，越冬期间，要做好防逃工作，以防止亲虾因避寒而打洞逃跑。

（4）亲虾越冬。生产中观察，当水温低于9℃时，体长3厘米左右的虾在越冬期间死亡率很高，成虾虽能生存，但经2~3个月后也会出现大量死亡。因此，搞好亲虾的越冬工作，保证越冬期间水温在16~18℃，是整个繁殖工作的重要环节。

亲虾常用的越冬方法有塑料薄膜覆盖水池保温法、电热器加温法、温泉水越冬法、工厂余热水越冬法和玻璃温室越冬法等，所有这些方法，均能保证亲虾安全越冬。

螯虾每年一般可抱卵2~3次，繁殖期为5—10月，繁殖盛期为6—8月。每只虾的抱卵量为40~1400粒。这一阶段，亲虾要进行多次交配产卵。而亲虾每经过一次繁殖，都要消耗体内大量的营养物质，体质显著减弱。另外，当抱卵亲虾孵出稚虾后，应及时把母虾移出育苗池，并投喂足够的饲料，以便能再次达到性成熟。稚虾全部脱离母虾后，母虾立即开始交配产卵，开始下一次繁殖过程。

3. 产卵及孵化

经过越冬期培育之后，亲虾性腺成熟，在适宜的水温条件下（25~30℃）开始交配、授精、产卵和受精卵的孵化。

（1）虾的成熟期及交配产卵。当年养成的虾，经过越冬期间饲养及强化培育，都能达到性成熟。性成熟的虾一般雌虾每只为50~70克，雄虾每只为70~100克。产卵的亲虾抱卵量与亲虾质量、个体大小、生活环境、培育条件及虾龄有密切的关系。据报道，同一规格的亲虾抱卵量第二年的卵粒数比初产卵粒数多。

在繁殖季节，雄虾主动接近雌虾，头部对头部，用第二对步足平滑的外缘推击雌虾直到其做出反应。做出反应的雌虾会主动接近雄虾，雄虾抬起头胸部，腹部卷起，抱紧雌虾，并调整自身的位置，射精后雌虾立即跑开。交配时间很短，通常只有1分钟。交配后的几分钟，雌虾用步足分散精团，此时最后一对步足起作用。

交配后24小时，雌虾开始产卵，产出的卵紧裹腹部，附着于腹部的游泳足的纤毛上（见图3.32）。通常再需24小时受精，完成受精的卵子在雌虾的腹部进行孵化。孵化期间雌虾不活跃，一般隐蔽在隐蔽物中，少数抱卵雌虾仍旧摄食。此时，因为抱卵虾的腹部卵容易掉，所以在操作管理时要非常小心。

图3.32　抱卵虾

（2）孵化条件。完成体外受精的卵在雌虾的腹部，在适宜的条件下，经过42天左右的孵化出苗及培育期后离开母体，独立生活。因此，此阶段的管理工作主要是满足亲虾和卵孵化所需要的生态条件，其中对温度、光照、水质、水溶氧和饵料等要求较为突出。

抱卵虾的耗氧量大，在孵化期内，要连续不断地充氧，使水体溶解氧在5毫克/升以上。据报道，红螯螯虾的繁殖也受到光照的影响，一般先光照14小时，然后盖上黑布，使水池黑暗10小时。温度控制在26~29℃。抱卵虾的饲料必须由多种食物组成，包括新鲜的水生植物，一些动物饲料如鱼肉和少量的虾蟹及含蛋白量高的颗粒饲料加以投喂。

（3）孵化（胚胎发育）。抱卵虾在孵化过程中，经常腹部卷曲爬行或栖息，借以保护受精卵不受外界的影响和损害。受精卵胚胎发育过程（见表3.1）：卵色由黄绿色至暗红色，以后透明区逐渐扩大，卵球略有膨大并拉长，眼点出现，附于母虾腹部生活；再经7~10天开始离开母体，独立生活。此时稚虾变淡褐色，体长0.8厘米。与其他甲壳动物一样，在适温范围，水温越高，孵化时间越短。若遇低温，水温低于20℃时，或水温变化幅度大时，受精卵易脱落或长水霉致胚胎死亡。一般水温在26~29℃为宜，孵化时间为42~47天。

表3.1　红螯螯虾胚胎发育

发育期（天）	1	2	3	4	5	6	7
卵色	黄绿色	黄色	橘红色	红色	暗红色		
形态	卵圆形	卵圆形	卵圆形	出现透明区和眼点	附肢形成，眼点明显，透明区拉长	稚虾形成，体色半透明，仍依附母体	稚虾赤褐色，开始独立生活
平均水温（℃）	29.3（25.3~31.0）~26.7（21.4~31.2）						
所需时间（天）	42~47						
个体大小（毫米）	2						8

4. 稚虾的培育

稚虾离开母体后，一般是在稚虾培育池内生活，待稚虾全部离开母体后将亲虾移出，留下稚虾并进行培育，在此过程中稚虾的平均体长为0.8厘米，经过25天的培育后，可达2.4~3.0厘米，供养殖户进行养殖生产。

（1）培育池的建造。培育池的面积为2~6平方米，深度为80厘米，池底保持一定的斜坡，深的一端有排水孔；池壁要光滑，不可粗糙或高低不平。也可用1~2平方米的水缸。抱卵虾按不同发育期分别放于不同的育苗池内进行受精卵的孵化（主要从抱卵虾的卵色或通过显微镜观察来判断卵的胚胎发育情况）。孵出稚虾后，母虾与幼虾分开，以免残食稚虾。这样，虾苗规格整齐，敌害生物少，成活率高，育苗效果好。有的地方每平方米出苗量达 1910 尾。国外有些地方将抱卵虾单独放于产卵箱内，产卵箱的底部用网片或多孔板做成，使刚孵出的稚虾直接进入水中，效果也很好。

（2）水质。培育用水一般用河水或井水，水质要清新。为了防止动物掠食稚虾，最好用细网片盖住水池；不让蜻蜓和其他昆虫在水中产卵。进水要经过滤，用细网装在进水口，过滤掉昆虫、水生动物（如水蜈蚣）、小鱼虾及卵，因为这些动物争食和争栖息场所，会影响螯虾幼体的成活率。水温是稚虾培育的重要条件之一。水温的适宜与否将直接影响稚虾的生长速度和成活率，从而影响产量。在生产过程中，水温的适宜范围为 27~29℃，且变化幅度不能超过 2℃。若水温低于 20℃，稚虾的生长速度减慢，将严重影响成活率。

稚虾离开母体，培育池要全日不间断地充气，使水中的溶氧量充足。培育用水的 pH 值应控制在 7.0~8.5，偏碱性。如发现水质偏酸，则用生石灰来调节 pH 值。用自来水进行小规模生产的繁殖场可用小苏打来调节 pH 值。在培育期间，视污物残饵的多少及水质状况（如氨氮等偏高），要定期地吸污换水，以保持良好的水质。

（3）稚虾的培育密度。在生产操作过程中，幼体的培育密度是通过产卵的抱卵虾只数来推算的，同时还要视抱卵虾的质量。根据生产经验，每平方米以放 2~3 只抱卵虾为宜。

（4）饲料。稚虾的营养相当重要，因为它们对营养的需求量大，而自身保存的能量有限，如果没有及时、适当地投饲，稚虾会自相残食，数量就会迅速减少。螯虾成体的大部分所需营养是从腐败的有机物中获得的，而幼体虾的营养需要大部分是动物蛋白，它们靠捕食各种微生物为食。在生长初期，幼体属肉食性，大部分时间离开池底，附在水草上，捕食它们喜食的食物。水中浮游生物丰富程度对刚孵出的稚虾的生存、生长至关重要。如果是水泥池，必须通过在池塘捕捞浮游生物，洗净后人工投喂，或增喂少量煮熟的鱼肉碎片。投喂时间为每日3次（即8时、14时和20时），每次投喂后，检查吃食情况，增加或减少投喂量。投喂鱼肉时，一定要掌握好投喂量，以免水质恶化。

（5）栖息场所。稚虾在培育过程中的栖息场所非常重要。实践证明，用合成纤维绳效果很好。但在生产过程中常采用棕榈片和水葫芦。因为加入水葫芦能改善水质，增加稚虾的隐蔽场所，并能补充稚虾的饲料。

5. 稚虾的生长情况

稚虾在良好的饲养条件下，平均水温为28℃，pH值为7.40~8.45，溶氧不低于5毫克/升，经过25天的培育，平均体长可达2.4厘米，成活率超过80%（见图3.33）。出池的幼苗可供养殖户养殖。

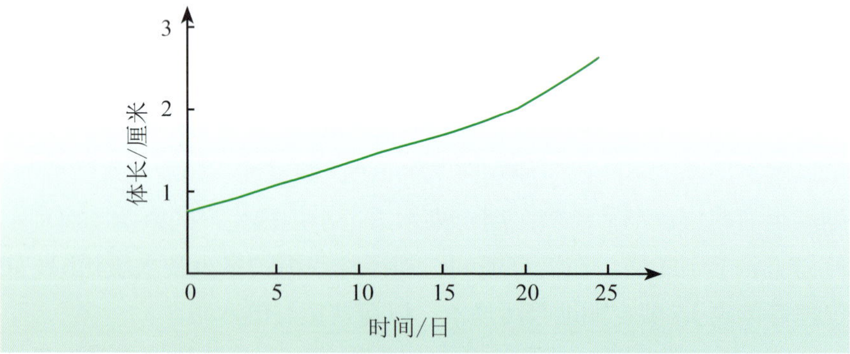

图3.33　幼苗生长曲线

6. 虾苗的捕捞运输

（1）捕捞。稚虾培育成3厘米左右的幼虾时，要及时捕捞移往成虾塘养殖。捕捞之前，应先抽掉大部分池水，留下20厘米的水深，用抄网把隐蔽物抄起后捕捞幼虾，然后用抄网轻轻刮捕，抄几网后继续把池水抽干，余下的幼虾随水逐步集中在收虾槽内，再一边排水，一边用小抄网在虾槽内捞苗。由于幼虾较小，体质幼嫩，所以操作必须小心细致。幼虾捕起之后，应及时移入水质清新、氧气充足的水体中暂养，及时过数并计算成活率。

（2）运输。由于螯虾苗离开水体的忍耐能力很强，幼虾在5个小时内的短距离运输可以不充氧。用泡沫塑料箱（80厘米 ×60厘米 ×20厘米），每箱放种苗600尾，并放少量水葫芦和少量水运输，其成活率可达95%以上。近距离运输可用蛇皮袋加水葫芦运输，成活率可达100%。

（四）人工养殖

1. 养殖场建造

（1）池塘条件。水源丰富、水质优良的地表水和地下水是水产养殖的主要条件，即便是最严重的干旱时期，也必须保证供水。水质和水量一样重要，水中含化学物质（如重金属）和有机物质（如油、农药、除草剂等）应尽量少；避免淤泥造成的水质高度混浊，水质混浊会阻碍浮游生物的生长，淤泥在虾鳃部沉积会导致虾的死亡。

为保持水量，建池需用黏土比例较高的土壤。建池场地地面要倾斜，可让水自行流入，以减少抽水的成本。但同时也要注意防涝。进水口需设屏障，以防止野鱼进入水池。出水口的设计要能控制水位，能从池底排出废水；出水口也要设置屏障，防止逃跑。还要建造水道，这样才能在捕捞时排尽池水；充氧和流动的淡水可使虾不会因缺氧而造成损失。

养虾池的大小规格不很严格，一般以3.0~4.5亩为宜。水池宜采用长方形，深度为1~2米。内池壁应有1∶3的斜坡。

成虾多栖息于池塘底部或集群于塘边水域爬行，尤其喜欢在水草丛中隐蔽。塘中生长各种水生生物、高等水生植物、附生藻类、水草等，它们既是虾的饲料，又是很好的天然隐蔽场所。因此在选择池塘时，要充分考虑天然隐蔽物多的池塘。

（2）水质因素。溶氧是影响虾生长的一个重要因素。水体溶氧充足，水质清新，有利于虾的生长和饲料的利用。一般认为，成虾养殖的池水溶氧不应低于4毫克/升，孵化育苗池内的溶氧应在5毫克/升以上。在生产过程中，天气突变、水质变坏会造成缺氧，这时往往发现螯虾向岸堤上爬行。螯虾的不同的生长阶段、不同的性别和不同的生理状态，其耗氧量有很大差异。一般来说，幼虾高于成虾，雄虾高于雌虾，抱卵虾高于非抱卵虾，软壳虾高于硬壳虾。

螯虾生长的 pH 值范围为 6~8。保持适宜的酸碱度，有利于虾池内有机质的分解，促进活饲料的生长和虾蜕壳，故 pH 值以 7.5~8.0 为宜。在生产过程中要定期施生石灰，以调节池水的 pH 值。

水质要清新，池中水生植物丰富有利于螯虾的生长。水质透明度过小不利于虾的生长，因为水中微生物耗氧过大会造成虾的缺氧死亡。一般水质透明度宜保持在 40 厘米左右。

2. 饲养管理

（1）苗种。苗种是螯虾养成的关键。离开母体的稚虾，一般体长在 0.8 厘米，此时虾苗放养的成活率较低，故一般放养 2 厘米以上的苗种，成活率较高。成虾养殖的虾苗要求：规格相对整齐，苗体壮；活力强，对刺激反应灵敏；虾苗的耐干能力强，一般在有一定湿度的情况下，2 小时后，放回水体仍能成活；离水的苗体，周围的环境温度不能低于 12℃（见图 3.34）。

（2）放养前的准备。虾苗入池前准备工作要充分，以便虾苗有一个良好的生态环境和丰富的饲料。

图3.34　虾苗

在放虾之前，要认真进行池塘修整，去除淤泥和平整池底，使池底和池壁有良好的保水性能，尽可能减少水的渗漏。池堤要有一定的坡度。有条件的地方可在池底的中部挖 1 条水沟或在池塘坡底四周开挖1条沟，这有利于早期虾苗的培育管理和捕获时操作方便。

池塘消毒是螯虾养成前必须要做的准备工作。常用的方法有以下几种。一是生石灰消毒。生石灰消毒能改变池水中的pH值，也可杀死病菌、野杂鱼及各种水生动物（如泥鳅等）。二是漂白粉消毒。将漂白粉溶化后，全池泼洒。用量为每亩7千克。漂白精用量减半。三是晶体敌百虫及敌杀死消毒。每亩水面用晶体敌百虫500克再加敌杀死50克。不论用哪种方法，都应选择在天气晴朗时进行，这样药效快，杀菌力强，而且毒力消失也快，比较安全。

清整消毒7~10天后，就要进水。注入新水时，要认真做好过滤工作，防止野杂鱼及鱼卵随水入池。自放虾苗之日起，就要培育虾苗的活饲料。因此，在放苗前1周就要进行施肥，使水中含有丰富的浮游生物，成为虾的直接饵料。常用的有机肥料量为每亩施75~100千克，使水中有一定的肥度。此时水位较浅，随着水位的加深，要逐步增加施肥量。具体要视水色而定。

水草是虾的主要饲料之一，由于螯虾的食性杂，尽管偏食动物性饲料，但在动物性饲料不足的情况下，主要吃水草，如苦草、轮叶黑藻、凤眼莲、水浮莲和喜旱莲子草（水花生）等。水草同时是虾隐蔽、栖息的理想场所，也是虾蜕皮的良好场所。在水草多的池塘养虾，成活率高。水草还可以净化水质，沉淀悬浮物质，使水质清新，提高透明度。

（3）放养密度。虾苗放养之前要经过试水。试水时，用桶装水，放入几只虾，经过半个小时的观察，虾苗活动正常后，证实池水毒性消失，方可将虾苗放入池塘。

在澳大利亚，有些进行粗放型养虾的农户，放养密度较低，一般每亩放养规格为2厘米左右的虾苗1000尾；而精养虾塘一般每亩放养6000~10000尾。池塘养虾密度要根据池塘条件（水深、面积和底质等），再结合产量要求来决定。密度过大则长势差，收捕时个体也小，得不到好的产量；密度过小，则不能发挥池塘生产潜力，产量也上不去。故放养量要根据计划产量、预计成活率、估计成虾个体大小及平均重量来决定。根据实践经验，一般放养量可采用下列公式来推算：

$$放养量=\frac{养殖面积\times 计划产量(千克/亩)\times 预计养成1千克虾的尾数}{预计成活率}$$

如计划产量每亩 200 千克，预计当年养成虾每只在 75 克左右，成活率为 75%，如果养殖面积为 3 亩，那么总放养量约为 10000 尾。

（4）饲料。饲料是虾生长、发育的物质基础，饲料的质量和营养价值又是影响饲料系数及生产成本的重要因素之一。目前，一般均根据其他虾类的饲料及投喂情况来进行饲养。在精养情况下，以人工饲料为主，并根据其不同生长阶段，配给适口的配合饲料。

（5）防逃。在极端的情况下，如水质恶劣、溶氧不足等，有少量的螯虾会爬到堤埂上，无论在越冬期间还是在高温傍晚，都会出现这种情况。但它的逃跑能力远不如河蟹，一般情况下，它仍会返回池塘。在养殖过程中，通常用廉价的塑料薄膜在虾塘四周围设高 30 厘米的防逃墙，以防其逃跑。

（6）日常管理。要做到合理投喂，就要根据下列情况分析，调节和计算投喂量。早期日投喂的次数为 2 次，生长后期再增加 1 次。投喂时间一般是 8 时和 17 时，增加投喂为 20 时。上午投喂量为日投喂总量的 30%，下午投喂量为日投喂总量的 70%。投喂时必须注意：一是虾的个体大小，每隔 1 周测定 1 次虾的体长和体重，并估计成活率；二是观察虾所处的生长阶段、生活状态和生理状况；三是注意气候、水温和水质情况；四是根据采食情况来决定投喂量；五是饲料的品种和质量；六是塘内基础饲料的多寡。早期在 15 天内，主要泼洒豆浆培养基础饲料，后再投喂菜籽饼、豆粕类饲料。

换水的目的是增加水的溶氧，降低水温，刺激虾的蜕壳，加速其生长。早期虾苗入塘后，随着虾的生长，逐渐往池塘注水，到了虾的生长旺季，根据下列情况进行换水：一是放苗密度过大；二是塘内生物量过多；三是水质过浓、恶化和透明度低；四是水温过高，超过

32℃；五是天气闷热、无风，虾往堤埂上爬。一般换水尽可能安排在傍晚，换水量占水体总量的 10% 左右。

巡塘观察是螯虾养殖过程中必须做的工作，以便能及时发现问题并采取相应的措施。巡塘的内容：一是记录气候情况，如水温、雨情和风力等；二是观察虾的蜕壳生长情况、死亡情况以及堤埂上虾的活动状况；三是观察水色，并记录水色及水的透明度状况；四是观察虾的摄食情况以及残饵状况，如发现问题要及时采取相应措施；五是虾的个体差异的观察，由于螯虾放苗时，个体差异就比较明显，因此，在投喂饲料时，必须根据需要调整投喂量；六是及时清除敌害生物。

3. 捕捞运输

红螯螯虾当年放养、当年收获，一般养殖 160~180 天，每只达到 75~200 克时即可上市。全部捕捞过程应在水温下降至 5℃之前完成。

（1）捕捞（见图 3.35）。捕捞时间主要与水温有关。水温降到 9℃以下，虾活力减弱。一般 11 月下旬水温能降至 10℃左右，这时会影响螯虾的存活，应及时捕捞上市。捕捞有虾笼诱捕、逆水捕捉和清塘捕捉三种方法。虾笼诱捕：傍晚放陷阱笼，笼内适当放些诱饵，清晨收笼，或夜间收笼数次，此法方便容易操作，便于陆续向市场提供活

图3.35　虾笼捕捞

虾。逆水捕捉：利用红螯螯虾的逆水性，在捕捉前将池水排去30%，傍晚灌入新水，在进水一端围捕，连续3次，起捕率可达到70%。清塘捕捉：存塘虾不多时可排干池水捕捞，起捕干净。

（2）运输。红螯螯虾耐干能力强，仅次于螃蟹。为便于活虾长途运输，运输数量多或运输距离长时，用柳条或竹篾编制的筐及箱或四边打孔的泡沫箱装运。运输前将虾冲洗干净，扎钳，每箱可放10~15千克。上面放少量水草，用铁丝钳紧箱盖。途中洒以少量清洁淡水，使箱内的商品虾保持湿润。装运时注意轻拿轻放，当气温不超过28℃时，24小时内运输成活率达100%，商品虾运到后，应散放于水泥大桶或加冰的大桶或8~10℃的冷藏罐中，并淋水保持潮湿，切忌大批集中静养在水容器内，以免因密度过大，水中缺氧窒息死亡。

（五）病害防治

红螯螯虾抗病力强，自引进以来还未发现暴发性、流行性疾病，但随着集约化养殖的提高，病害防治工作不可掉以轻心。防治工作要以防为主，苗种下塘之前可进行体表消毒，防止把病原带进池内。目前已出现的几种病原体主要是寄生虫、藻类和某些细菌。

当水质发生变化、水中微生物较多时，虾体头胸部、步足等外骨骼上会着生许多黄色或褐色的附着生物。经镜检观察，多为纤毛虫类的累枝虫、聚缩虫、钟形虫等。这些纤毛虫类栖附于中虾、成虾外骨骼上，营共生生活，形成体表粗糙的枝状、疣状物，加重寄主的负担和压力，导致虾行动迟缓、摄食减少、蜕壳困难，若水中溶氧低，更易导致螯虾缺氧窒息，甚至死亡。

肠胃病多是由摄入变质饵料引起的，因此饵料要求新鲜，不采用霉变饵料。选用豆类植物作饵料时，一定要经过加温处理，去除掉抗胰蛋白酶，这样有利对植物蛋白的吸收。仔、幼虾耐受恶劣环境能力较差，因此，要提高其成活率，最好将水温保持在16~30℃。红螯螯虾虽然耐低氧，但如果长时间在低氧环境中生存，则会降低其免疫力，进而影响摄食、脱壳和生长。因此，养殖池中还应备有增氧设施。如发现螯虾缺氧，应及时开启增氧机，以保证水中充足溶氧。

红螯螯虾对农药较为敏感，在农田施药期间应严禁田水流入养虾池中。红螯螯虾主要敌害有老鼠、青蛙、水鸟、水蜈蚣、摇蚊幼虫等。要及时做好灭鼠，清除池内蛙卵、蝌蚪，在池四周岸上围网 30~40 厘米，以防止青蛙、水蛇侵入。池内发现水蜈蚣，可用海捞捕捉。

复习思考题

1. 选择红螯螯虾亲虾的条件有哪些？
2. 养殖红螯螯虾的水质要求有哪些？
3. 怎样捕捞红螯螯虾？

六、河　蟹

（一）品种介绍

河蟹又称大闸蟹、毛脚蟹，学名为中华绒螯蟹，隶属节肢动物门甲壳纲爬行亚目方蟹科绒螯蟹属。河蟹肉质极鲜美，是淡水中的珍品，在市场上极为畅销，价格高昂。

经全国水产原种和良种审定委员会审定的河蟹品种有中华绒螯蟹“诺亚 1 号”、中华绒螯蟹“江海 21 号”（见图 3.36）、中华绒螯蟹“长江 1 号”、中华绒螯蟹“光合 1 号”。选育品种的特点：生长速度快，体型好，规格整齐，雌、雄体重变异系数小，能适应多种水域环境，大规格率高等。

（二）生物学特性

1. 生命周期

河蟹属江河生殖洄游型水生动物，即生长育肥栖息于淡水，繁衍后代则洄游到河口浅海水域。自然条件下，河蟹在淡水中经 2 秋龄的

图3.36　中华绒螯蟹“江海21号”

觅食育肥，达到性成熟。河蟹寿命一般为22~24个月。河蟹不论是天然还是人工养殖，都有一部分在一秋龄时就达到性成熟，这种现象通常称为“性早熟”。

2. 生长和水温

河蟹的适宜生长水温为18~30℃，最佳生长水温为22~28℃，每年有6月至7月中旬、8月下旬至9月下旬两个生长高峰。

3. 生长与蜕变

河蟹蜕壳是其生理固有特性，是其生长、发育、变态的一个重要标志，其一生要经过28~30多次蜕壳。河蟹蜕壳期的表现：一是临近蜕壳食量明显下降；二是即将蜕壳的蟹背呈黄色。雌蟹蜕壳以5月和8月为主，雄蟹则以6月和9月为主。

4. 食性与摄食

河蟹属杂食性，主要摄食水生植物和小鱼虾、贝类、底栖生物及有机碎屑。河蟹的摄食强度以春末夏初和秋季为最高，每天的摄食高峰一般在傍晚前后至21时左右。河蟹残忍好斗，同类喜相残。

5. 栖居与掘穴

河蟹的主要生活方式为底栖穴居，洞穴长度在20~80厘米。一般很少在 1∶（1.5～2.5）的缓坡造穴，更不在平地上掘穴。

6. 自切与再生

河蟹受到强烈刺激或机械损伤或蜕壳受阻时，常会发生弃胸足的自切现象，这是一种保护性机能。附肢的再生只限于个体生长阶段，到了性成熟阶段，随着蜕壳的终止，再生也就停止。

7. 生殖与变态

每年霜降前后，河蟹生殖洄游到浅海处交配产卵，受精卵进行胚胎发育，幼体出膜为蚤状幼体，经 6 次变态发育成幼蟹，其变态发育过程为：蚤状幼体→大眼幼体（蟹苗）→幼蟹。

（三）苗种繁育

1. 土池育苗

（1）亲蟹。亲蟹是人工繁殖的物质基础，应选择体表干净、肢脐无伤残、活泼健壮、100 克以上的二秋龄绿蟹，雌、雄比为（2~3）∶1。选留时间一般在立冬前后。为减少生产环节，也可在翌年 3 月初进行选购。

亲蟹散养于淡水土池越冬，池深 1.0～1.5 米，四周设防逃设施。亲蟹下塘前半个月清除塘底污泥，每亩池塘用生石灰 80～100 千克清塘消毒。下塘时应雌、雄分养，一般每亩可养 200～300 千克，并以带鱼、小杂鱼、螺类等饵料为主。日投喂量可视天气、水质等情况灵活掌握，通常每天投喂量为亲蟹总重量的 3%～5%。每隔 3～4 天换水 1 次，每次换水量为 30～50 厘米。

根据浙江一带的气候，亲蟹促产的适宜时间为 2 月底至 3 月上旬，此时可将越冬池淡水抽干，将雌、雄亲蟹过数，并按（2～3）∶1 的比例混合入池，注入海水。亲蟹经海水刺激发情交配，过 7～16 小时即可获产。待促产雌蟹 80% 以上怀卵后，应陆续将雄蟹捉走。

（2）怀卵蟹饲养。怀卵蟹应专池饲养，管理方法基本与亲蟹饲养池越冬相同。为了保证怀卵蟹卵粒胚胎发育顺利，应注意保持水质清新及盐度相对稳定。

（3）育苗池结构。育苗池即幼体培育池，用于河蟹土池人工繁殖的池塘与常规土池相同，应具备面积为300~400平方米、边坡比为1∶3、四周呈圆角、深1.5米的长椭圆形育苗池，并建有进、排水设施，进、排水时套用规格为80~100目的尼龙筛绢网袋过滤。

（4）幼体培育。幼体放养前15~20天对培育池进行清整，去除污泥，修整堤埂，每亩施放80~100千克的生石灰和8~10千克的漂白粉，1周或10天后抽干原池药液水。在幼体出膜前的3~4天，开始过滤进海水，首次进水深度为50~60厘米，并再次用20~30毫克/升浓度的漂白粉消毒，再适量进水。待余氯毒性消失后，进行幼体培育。

当镜检怀卵蟹胚胎发育临近孵幼时（外观卵粒颜色为灰白色，心跳每分钟120次以上），应将怀卵蟹捉起洗净污泥，放入35毫克/升制霉菌素药液中消毒40分钟至1小时。为使同一培养池中短期内孵足幼体，应将怀卵蟹集中孵化。在怀卵蟹孵幼的过程中，应及时检查，一旦幼体达到计划放养量时，应及时移去未孵怀卵蟹到另一培养池继续孵幼。孵后母蟹放入饲养池精心管理，等第二次怀卵。

放养密度以培养池水体计算，一般每立方米水体放养第Ⅰ期蚤状幼体3万~5万只。

怀卵蟹入池后至见第Ⅰ期蚤状幼体孵出，加注新鲜海水3~5厘米。等大批幼体孵出并达到计划放养量时，开始投喂豆浆（以干黄豆计），每亩每天投喂豆浆0.25~0.50千克，螺旋藻粉0.25~0.5千克。第Ⅱ期以后，改投丰年虫无节幼体。一般第Ⅱ~第Ⅲ期每亩日投丰年虫无节幼体0.5~1.5千克（以丰年虫干卵计），并分3次投喂；第Ⅳ期大眼幼体每亩日投丰年虫无节幼体2~3千克，分4~5次投喂。其中，丰年虫无节幼体可采用小水泥池充气孵化获得。

第Ⅰ~第Ⅲ期蚤状幼体以加水为主，每日1次，每次5~10厘米。第Ⅲ期以后开始对培育池进行水体交换，日换水量1/3直至蟹苗出池。整个幼体培育期间，应控制水位在1.0~1.2米，pH值为8.0~8.5，盐度为15‰~18‰，水体溶氧在4毫克/升以上。

（5）病害防治。发现培育池幼体娇小，体色较深，变态缓慢时，及时换水。

（6）蟹苗出池。当培育池幼体有80%变为大眼幼体时，就可以开始捕捞。捕捞工具可用捞海网。一般在白天选择大眼幼体集中的上风角用捞海网抄捕，晚上用灯光诱捕，最后用大拉网拉捕。出池的蟹苗在水泥池或网箱暂养，并每日加注淡水逐步淡化，暂养3~4天即可进入淡水生活。另外，也可采用原培育池加淡水淡化，使海水盐度逐渐降至5‰以下。晚上用灯光诱捕1~2天，即可把大部分蟹苗捕净。出池的蟹苗分次沥干水分，称重后随机抽样1~2次，每次样品1克，分别计数，取其均值推算大眼幼体总数。

2. 蟹种培育

（1）蟹种池设施。蟹种培育池要求选择紧靠淡水水源、水质良好、没有污染、进排水方便的土地或低洼农田，且通电、通路。选用面积为2~3亩的土池，边坡为1∶3，塘埂不渗不漏，清除淤泥后用作蟹种培育。也可选用面积3~5亩的低洼农田用作蟹种培育池，沿田埂四周开挖宽2~3米、深0.5~0.8米的环沟，田中间挖成深浅不同的十字沟，并与环沟相通，平整夯实塘埂，达到不渗不漏。

防逃设施选用规格10~15目、高为50厘米的长条聚乙烯网片沿塘埂四周围栏，网片内侧紧贴高40厘米的农用薄膜，并与网片连成一体埋入地下10~15厘米，再用小竹固定网片并与地面呈直角，要求网片接头紧密、四角呈弧形。也可选用如白色塑料板、黑薄膜、石棉瓦、玻璃等材料用于蟹种培育的防逃设施。

蟹种培育池应设有进、排水设施，要求进水方便、排水自如、水位易控制、安全可靠。每次进、排水时应进行严格的过滤和防逃，一般采用15~20目的聚乙烯网袋或钢丝网紧罩进、排水口，严防敌害生物进入或幼蟹逃逸。

（2）清塘消毒。蟹苗放养前15~20天，每亩用生石灰100~150千克全塘泼洒，再以每亩6~8千克的漂白粉沿沟或塘壁泼洒，彻底消灭敌害生物，并在太阳下暴晒数日。在放苗前3~5天开始过滤进水，进水深度为40~50厘米，并移栽少量水花生、水葫芦等水生植物。

（3）蟹苗放养与饵料投喂。以培养大规格蟹种为主，每亩投放优质、健壮的蟹苗0.50~0.75千克。首先在蟹苗下塘前几天，施足基肥或泼施少量尿素、过磷酸钙等，以培养浮游生物；待蟹苗下塘后直接投喂枝角类或豆浆、蛋黄，每亩日投淡水枝角类2~3千克、豆浆2~3千克、蛋黄10~15只；当大部分蟹苗蜕变沉底变成幼蟹后，改投颗粒饵料，每亩日投喂1.0~1.5千克，每天分早、晚2次投喂，投喂时沿池四周离水面5~10厘米处均匀泼洒，并视幼蟹摄食情况适当增减饵料投喂量。

（4）水质控制。蟹苗下塘后每隔1~2天加水1次，每次加水10~20厘米，保持水质清新；以后视幼蟹生长情况，每隔5~10天交换水体1次。此外，为增加幼蟹栖息、蜕壳生活场所，在蟹种培育池中经常添补或移栽一些沉浮水生植物，如苦草、浮萍、芜萍等，既为幼蟹提供了攀爬、栖息、蜕壳的条件，又可为幼蟹提供适口的植物性饵料。

（5）日常管理。每天巡塘数次，检查水质及幼蟹摄食蜕壳、防逃设施完好、防止敌害生物入侵等情况，如发现青蛙、水蛇、老鼠等敌害生物进入蟹池，应及时采取措施加以捕捉。此外，为改良水质，每隔10~15天泼洒生石灰1次，用量为每亩10~15千克。

（6）捕捞及运输。当幼蟹经5~6次蜕壳，即规格达每千克4000~5000只时，即可用三角抄网抄捕，捕出的幼蟹分养或出售；也可原塘继续培育至年底或翌年初起捕，干塘起捕的蟹种按大小分档后入网箱暂养，先清除其鳃部污泥，然后选择阴凉天或夜间将蟹种起箱称重过数，装入聚乙烯袋，外加泡沫箱运往各地养殖。

（四）池塘养殖

1. 池塘条件

池塘面积每个10~40亩，池塘四周及中间开挖宽2~8米、深

0.5米的沟，平均水深达到1.2~1.7米，塘埂宽度为2.0~2.5米，坡度为1∶(2~3)，使之有一定面积的浅水区。塘底平坦且少淤泥，塘埂坚实不漏水。池塘灌水、排水方便，水源充足，无污染，符合无公害水产养殖的水质要求(见图3.37)。

图3.37　河蟹养殖塘

池塘四周要做好防逃设施，材料一般用铝皮、加厚薄膜、钙塑板等，埋入土中20~30厘米，高出埂面50厘米，每隔50厘米用木桩或竹竿支撑。池塘四角应呈圆角，防逃设施内留出1~2米的堤埂，池塘外围用皮条网片包围，高1米，防蟹逃和便于人工检查。

池塘应清除过多的淤泥，在冬季经阳光暴晒。蟹种放养前20~30天，每亩用生石灰75~100千克化浆后全池泼洒，杀灭病菌及清除野杂鱼类。清塘以后的进水用60目规格的网袋过滤，以防止野杂鱼类及卵进入池塘。

2. 种养水草，放养螺蛳

池塘中应保持一定数量的水草，以提供河蟹及青虾栖息、避敌、蜕壳的场所，既可提高河蟹成活率，也可作为河蟹的部分青饲料来源。水草还可以吸收水中的营养物质，能起到净化水质的作用。在夏季高温季节，水草还可降低水温，促进河蟹的生长。水草以沉水的苦草、轮叶黑藻、伊乐藻为主，水草的面积以占池塘总面积的50%~70% 为宜。

苦草、轮叶黑藻种植：在 1—3月，池塘水深 10~20 厘米，每亩播撒草籽或芽孢 1.5~3.0 千克，播种后 1 个月即可长成 5 厘米以上的幼草。播种前，草籽先用水浸泡 1~2天，然后用细泥土拌均匀，全池散播或条播。伊乐藻种植：在 3—4 月，水深 40 厘米左右，采用分段无性扦插的方法，每亩种草量约 50 千克。在水草生长旺季，应割除过多的水草，以防缺氧和水质恶化。

在蟹种放养的同时，每亩放养螺蛳 200~400 千克，大量繁殖的小螺蛳可作为蟹的活饵料，同时螺蛳摄食浮游生物和有机物质，可起净化池塘水质的作用。蟹种放养的初期，在池塘的深水区，用网围一块面积占池塘总面积 1/5~1/3的暂养区，将蟹种在暂养区培育到 5 月底，待池塘的水草长到一定程度和螺蛳繁殖到一定的数量时，可将蟹种放回池塘中。

3. 蟹、虾及鱼种放养

蟹种宜选择自己培育或本地培育的长江系种，自育蟹种由于适合本地的气候条件，又避免了长途运输，其成活率、抗病性及生长性能都明显好于外购蟹种。蟹种放养时间在深秋初冬（11 月至 12 月底）和初春（2 月底至 3 月初），以初春放养更为适宜。放养时水温宜在 4~10℃，并应避开冰冻严寒期。放养密度为每亩一龄蟹种 600~1200 只，密度适中，则出池规格较大。蟹种规格为每千克 80~200 只，要求蟹种规格整齐、无断肢足、无斑，对于性早熟的小蟹要剔除。

青虾苗放养时间在 6 月下旬至 7 月下旬，每亩放养密度为 2万尾，虾苗规格为每千克 1 万尾左右，不放养有红鳃、红体病的虾苗，避免在高温季节的中午放养；或在 5—6 月每亩直接放养抱卵雌虾 1~2 千克。

池塘搭养鲢、鳙鱼种，可调节水质，减轻浮游藻类过量繁殖的程度，同时增加收入。每亩池塘放养一龄鲢鱼种20尾、一龄鳙鱼种10尾，规格为每千克20~30尾。

4. 水质管理

虾蟹混养池塘在整个饲养期间应始终保持水质清新、溶氧丰富，池水透明度应控制在35~50厘米，前期可偏肥、后期宜偏瘦。养殖初期（3—5月）池塘水深宜0.5~0.8米，6月后逐步加深水位。每5~7天添加新水1次，高温季节池塘水深应达到1.2~1.7米。水草的覆盖率应达池塘面积的50%，降低水温，以保持一个使河蟹良好生长的水环境。当池塘水质不良时，应及时换水或采取其他措施改善水质。

补充水中钙离子含量可促进虾蟹生长。可使用柠檬酸钙、葡萄糖酸钙等可溶性钙制剂进行全池泼洒，每月使用2次。应施用芽孢杆菌、光合细菌、乳酸菌等微生物制剂来改善水质，分解水中的有机物，降低氨氮、硫化氢等有毒物质的含量，保持良好的水质，特别是在换水不便或高温季节时，此做法效果明显。一般每10~20天使用1次，多种菌类混合使用效果更好。

养蟹池塘可配备增氧设施，10亩面积的池塘可配备3.5千瓦的罗茨鼓风机1台，20~40亩面积的池塘可配备5~7.5千瓦的风机1台，池塘底部铺设纳米微孔管或钻孔气管。一般池塘在午夜到凌晨水中低溶氧时开机3~4小时，或在高温季节晴天中午开机3~4小时，可有效增加水中溶氧量，改善水质。

5. 饲养管理

池塘中已培育的螺蛳、水草等天然饵料，能解决虾蟹的部分饲料来源。在养殖过程中，投喂的饲料主要是虾蟹配合颗粒饲料，另外可搭配少量的大麦、小麦、玉米等植物性饲料。

在控制日投饲总量的前提下，每日投喂1~2次。饲养前期，每日投喂1次；饲养的中后期，每日投喂2次，上午投总量的30%，傍晚投总量的70%；如投喂1次，则全部在傍晚投喂。精饲料投饲率为2%~5%。饲料均匀投在浅水区与深水区交界的无水草带。坚持每日检查吃食情况，不过量投喂。

（五）病害防治

1. 预防措施

提倡应用健康养殖技术，以生态防病为主，药物治疗为辅。实行严格的清塘消毒、放养健康的蟹虾种、池塘中种植水草、使用微生物剂调节水质、投喂新鲜优质的饲料等技术措施，可预防病害的发生。如果发生病害，应对症下药，使用高效、低毒、副作用小的药物。

2. 主要病害

（1）纤毛虫病（见图 3.38）。症状是为聚缩虫、钟形虫等原生动物病原附生的身体部位，呈棉绒状，病蟹活动困难，摄食减少。该病在水温 18~20℃的春、秋季流行。

图3.38　河蟹纤毛虫病

防治方法：池塘水体用硫酸锌全池泼洒（具体按使用说明操作），或用浓度为 0.5 毫克 / 升的硫酸铜全池泼洒。注意水质变化，及时增氧换水。

（2）河蟹褐壳病（见图 3.39）。病蟹甲壳出现微红色或黑褐色的斑点，步足尖端破损并腐烂。防治方法：池塘用 0.2~0.3 毫克 / 升浓度的二氧化氯全池泼洒，连续泼洒 2~3 次，用恩诺沙星掺饲料投喂，每

图3.39 河蟹褐壳病

千克饲料掺 3~5 克，连续使用 1 周。定期用生石灰化浆全池泼洒以改善水质，每次每亩每米水深用 5 千克，或使用微生物制剂泼洒，调节水质。

（3）河蟹黑鳃病。河蟹黑鳃病由细菌引起，鳃部感染发生病变，表现在鳃部颜色变化上，病轻时鳃丝部分呈暗灰色或黑色，病重时则鳃丝全部变为黑色。病蟹行动迟缓，呼吸困难。该病多发生于成蟹养殖后期，水环境恶化是该病发生的主要诱因。防治方法：主要是改善池塘条件，保持良好的水质，定期用生石灰泼洒改善水质，保持池塘有 5~10 厘米的软泥。药物治疗可采用恩诺沙星掺饲料投喂，每千克饲料掺 3~5 克，连续使用 1 周。

复习思考题

1. 论述河蟹的生命周期。
2. 怎样放养河蟹？
3. 怎样防治河蟹纤毛虫病？

XUANGOU SHIYONG

第四章　选购食用

新鲜的虾眼球呈圆形，黑色而有光亮；头尾完整，外表洁净，体色正常，活蹦乱跳，没有异臭味。河蟹选购一看蟹壳，二看肚脐，三看螯足，四看活力，五看雄雌。虾类适宜炒、溜、烹、炸、焖、烩、醉、炝、汆、煮、烤、拌等烹调法。河蟹蟹肉细嫩，鲜美可口，营养丰富，可以清蒸、红烧、爆炒、煲汤等。

一、虾　类

（一）选购

新鲜的虾眼球呈圆形，黑色而有光亮；头尾完整，头尾与身体紧密相连，虾身较挺，有一定的弹性和弯曲度。虾体外表洁净，用手摸有干燥感。体色正常，虾壳与虾肉之间粘得很紧密，虾肠组织与虾肉也粘得较紧。拿在手里，壳厚较硬，无黏感，有弹性，感觉很有活力，且肉质较坚实；有正常的腥味，没有异味臭。

（二）食用

虾类适宜炒、溜、烹、炸、焖、烩、醉、炝、汆、煮、烤、拌等烹调法。

油焖大虾

主料：带皮大虾400克。

辅料：油500克（实耗50克），料酒10克，味精、盐、湿淀粉、酱油、糖、汤、葱、姜、椒油各适量。

操作步骤：将大虾洗净，剁去腿和须，除去沙袋和沙线，顶刀切段；葱切段；姜切片。锅内加油，烧至8成热，将虾段投入油中，炸一下捞出。再起锅加油，烧热，加葱、姜炝锅，加入料酒、盐、酱油、糖、味精及适量汤，烧开后，放入虾焖熟，拣出葱、姜不要，用湿淀粉勾芡，淋入椒油即可（见图4.1）。

盐水虾

主料：虾500克。

辅料：食盐、葱、姜、生抽、香油各适量。

操作步骤：虾洗净沥干水分，姜、葱加盐放水中煮开；虾倒入锅中，盖上锅盖；虾变红，水再次煮开后捞出虾过滤即可。调料可根据各人口味自配（见图 4.2）。

图4.1　油焖大虾

图4.2　盐水虾

复习思考题

1. 怎样选购虾类?
2. 虾类有哪些食用方法?
3. 怎样烹制盐水虾?

二、河　蟹

(一)选购

选购时，一看蟹壳，凡壳背呈黑绿色、带有亮光的，都为肉厚壮实；壳背呈黄色的，大多较瘦弱；二看肚脐，肚脐凸出的，一般都膏肥脂满；肚脐凹进去的，大多膘体不足；三看螯足，凡螯足上绒毛丛生的，都较健壮；螯足无绒毛的，则体软无力；四看活力，将螃蟹翻转身来，腹部朝天，能迅速用螯足弹转翻身的，活力强，可保存；不能翻回的，活力差，能存放的时间不长；五看雄雌，农历八月母蟹最肥，蟹黄足；农历九月公蟹最香，蟹脂多。不过，吃河蟹的时间比较短，以十月和十一月为最好，而农历九月以吃雌蟹为佳；区分雌、雄的方法：肚脐若是三角形则是雄蟹，若为圆形则是雌蟹；雄蟹 8 条腿上都长有绒毛，而雌蟹只有 2 只螯有绒毛，其他腿上光滑无毛。除了以上的五看外，还可以用手捏一捏蟹脚，看其是否饱满。

(二)食用

河蟹蟹肉细嫩，鲜美可口，营养丰富，可以清蒸、红烧、爆炒、煲汤等。

清蒸河蟹

主料：螃蟹 250 克。

辅料：醋 15 克，姜 5 克，花椒 2 克。

操作步骤：把姜洗净切成末；姜末放在器皿中，倒入香醋拌匀待用；将河蟹用水冲洗干净放入蒸锅中，加几粒花椒蒸 7~8 分钟取出，装入盘中，蘸姜醋汁食用即可（见图 4.3）。

图4.3　清蒸河蟹

葱姜炒蟹

主料：螃蟹 2 只（约 750 克）。

辅料：白酒、淀粉、盐、香葱、姜片、蚝油、植物油各适量。

操作步骤：准备食材，螃蟹清洗干净并切开。把清理好的螃蟹放在大碗里，加入白酒、盐和淀粉拌匀腌 10~15 分钟。同时把葱和姜切好备用。中火，锅内加入足够的油，加热到 6 成热，将腌好的螃蟹下油炸 1 分钟捞出。在炒锅里加入一点点油，加入姜炒出香味后，加入螃蟹和葱，稍翻炒后加入蚝油炒匀即可装盘。

复习思考题

1. 怎样选购河蟹？
2. 河蟹有哪些食用方法？
3. 怎样制作清蒸河蟹？

DIANXING SHILI

第五章　典型实例

很多生产和经营淡水产品的管理者，利用学到的农业生产技术和经营管理经验，积极从事淡水养殖产业的开发，已成为当地淡水养殖产业的龙头企业或带头人，辐射和带动了周边农户的淡水养殖，推动了淡水养殖产业的发展，促进了农业经济的增长。

一、浙江吴越农业股份有限公司

（一）生产基地

浙江吴越农业股份有限公司位于“中国最美湿地”——下渚湖畔德清县下渚湖街道双桥村，为湖州市农业龙头企业、农业农村部健康养殖示范场、省农业科技企业、市十佳农业科技示范园区。公司成立于2002年，现有经营面积2350亩，以特种水产养殖及优质苗种繁育为主，在青虾苗种的繁育开发等方面有着丰富的实践经验。公司开展了一系列农业实践并取得技术突破。2006年“黄颡鱼人工繁殖及苗种培育生产技术”获德清县科技进步奖；2010年研究取得“青虾优质苗种无公害健康养殖技术”；2011年自主驯化、繁育的优质青虾新品种“两湖一号”获德清县农科教项目一等奖；2013年“青虾优质苗种及高产技术”获得湖州市科学技术进步奖三等奖。公司积极开展现代农业园区（青虾精品园）建设、休闲观光农业建设及“养殖面源污染治理、立体养殖和域内循环零排放示范工程”等多项研究，并取得了初步成果。

（二）产品介绍

公司注册的“归毛头”商标获2010年浙江省著名商标。2014年，“归毛头”牌特种水产品被授予“湖州市十佳农产品”品牌，公司被评为“诚信农产品示范基地”。2018年，公司积极建设“水精灵”青虾良种繁育基地，并每年7月从中国水产科学研究院淡水渔业研究中心（无锡）引进“太湖2号”子一代，作为亲本进行青虾良种集中繁育，公司繁育“太湖二号”子二代青虾良种，除部分公司自己进行商品养殖外，其余全部供应给全县的青虾养殖户。2022年，公司成功创建省级青虾良种场。

“水精灵”青虾

（三）责任人简介

归毛头，1957年5月生，中共党员，大专学历，浙江吴越农业股份有限公司法人代表、总经理，全国五一劳动奖章获得者，全国科普带头人，浙江省劳动模范，德清县首届农民专家。浙江省科学技术协会2002—2004年度、2005—2007年度省级农村科技示范户，湖州市农业科技先进工作者（2001年11月），德清县“千百读书”活动优秀示范户（2002年1月），德清县首届优秀人才“千里马奖”获得者（2005年4月），湖州市“国检杯”时代新农民——十佳科技兴农领路人（2007年11月）。2012年被评为湖州市十佳农民专家；2014年被评为“全国科普带头人”。2016年在浙江大学参加“水产品品牌建设与市场营销”培训班。

归毛头1992年开始从事水产养殖，并成功探索出稻田养虾技术。该项技术经本县推广，先后辐射到江、皖、沪、闽等周边省、市后，最终引发一场现代农业技术革命，在全国引起了轰动。

20多年的实践让归毛头深切体会到了知识、科技对生产的重要性，因此他平时努力探索、自主创新，自觉加强学习，订阅了《农村科技报》《中国水产》《水产养殖》《渔业致富》等多种科技资料，用理论知识指导生产实践。在此基础上，归毛头以公司为平台，在县乡科协的指导下，加大科普投入。2019—2021年，公司科普工作支出每年都在20万元以上、平均达到28万元/年；公司利用设立的科普活动室、会议室适时开展技术培训，每年开展技术培训超过4次，3年累计受训人数765人次；开展科普讲座，每年不少于4次，3年累计听讲人次达662人次；设立宣传栏开展公共宣传，3年累计1279人次受益；发放图书杂志等各种宣传资料，3年共发放884册。此外，公司还积极参加每年5月的“全国科技周”、9月的“全国科普日”，和“科普之春”“科普大集”“科技下乡”等重大科普活动。

联系电话：13511250888。

二、绍兴国明农场有限公司

（一）生产基地

绍兴国明农场有限公司位于绍兴市越城区富盛镇义峰村，农场成立于2014年9月，注册资金50万元。承租土地面积350余亩，主要经营水产养殖、水稻种植、苗种繁育及技术服务。农场以稻虾轮作种养模式经营，每年种植一季早稻，收割后再养殖青虾和泥鳅。年产泥鳅14.4吨，青虾58吨，水稻产量175吨，总产值600余万元，利润100余万元。

农场在省、市、区农技和水技部门的支持下，稻渔种养模式迅速在全省推广。近几年，农场共接待省内外学习人员达1000人次以上。农场被评定为农业农村部水产健康养殖示范场，无公害青虾生

产基地，省级高品质绿色科技示范基地，省、市、区示范家庭农场，省、市、区科技示范基地，省级稻渔综合种养示范基地，区优秀农业生产经营主体。

（二）产品介绍

农场的种养模式年纯收入达周边农户纯种水稻5倍以上。这种模式每亩可以减少饵料用量30%，水稻种植不用化肥，利用水产品的排泄物作肥料，少用甚至不用农药，节能减排效果明显，达到种养结合生态循环目的。青虾、泥鳅、沙塘鳢等苗种均自繁自育，年繁育青虾、泥鳅、沙塘鳢苗种约1亿尾。同时为周边农户提供优质苗种及技术服务。农场建立了初级水产品可追溯系统，可以实现产品生产流程全程可追溯。销售的农产品附具产品合格证和二维码标志，并注册了“老么弹”商标。

（三）责任人简介

许国明，1971年2月生，成人中专学历。1995年以来一直从事水产养殖工作。经过20多年实践，探索出“水稻—青虾—泥鳅”生态种养模式，取得了良好的经济、社会效益，该种养模式在全省进行推广。其探索推广的生态种养模式得到了省委主要领导的肯定，被省农业技术推广总站作为全省农业创新模式进行推广。个人被评为全国劳动模范，省基层农技推广突出贡献工作者，省基层农技推广杰出人物，省农民教育培训优秀学员，绍兴市首批乡村振兴“领雁计划”人才，绍兴市越城区劳动模范，五星级农技师等。

联系电话：13615753539。

三、诸暨市山下湖乐桥家庭农场

（一）生产基地

诸暨市山下湖乐桥家庭农场成立于2014年1月，位于山下湖镇解放村孟家湖，现有稻渔综合种养基地500多亩，固定资产230多万元，主要经营粮油、水产品，主推稻青虾生态种养新模式，另外配套稻鳖、稻小龙虾、鲢鳙等养殖。此模式有效减少了农药、化肥使用量，能降低农业生产面源污染，节约种养成本，同时保护生态环境，取得了较好的经济和生态效益。渔场机械化程度高，劳动力成本低，生产环境优美。农场于2017年被评为绍兴市“平安农机”合作社、绍兴市农业“机器换人”示范基地；2018年被省农业农村厅列入省科技创新团队示范项目，并作为全省渔业主推模式进行推广应用，被评为“农业农村部水产健康养殖示范场（第十三批）”；2019年被评为绍兴市级美丽渔场，市级职工疗休养基地；2020年被评为省级稻渔综合种养示范基地。

（二）产品介绍

农场选择市场价格高、效益好、养殖周期短的青虾作为主养品种，以鄱阳湖自然虾做种虾，早稻品种选用“中早39”。可年产青虾35吨、早稻250吨。

（三）责任人简介

魏乐桥，1972年12月生，诸暨市山下湖镇解放村人，高中学历。目前已从事水产养殖20多年，具有丰富的水产养殖实践经验。

联系电话：13758570250。

四、嘉善县干窑镇江升家庭农场

（一）生产基地

嘉善县干窑镇江升家庭农场，成立于 2017 年，位于嘉兴市嘉善县干窑镇新星村，池塘面积 80 亩，其中钢丝绳大棚养虾面积 35 亩，主要开展大棚二茬虾养殖示范，推广罗氏沼虾“南太湖 2 号”优质虾品系。该养殖池塘水源充足、水质良好、无污染、注排水方便。农场利用大棚设施开展罗氏沼虾二茬养殖，通过虾塘套养花鲢等品种，降低发病风险，也可营造良好的池塘养殖环境，并于 2019 年开展“三池两坝”尾水处理设施，养殖尾水经处理后达标排放。该农场通过引进好模式、好品种发展水产健康绿色养殖，申报并验收通过了 2019 年嘉善县省级高品质绿色科技示范地基项目，并成功创建浙江省水产健康养殖示范场。

（二）产品介绍

嘉善县干窑镇江升家庭农场利用大棚控温技术提早虾苗放养时间和成品虾的上市时间，还延长虾类的销售期，避开虾类销售高峰期，可高价卖出虾，增效显著，首批罗氏沼虾卖出近 80 元 / 千克的高价，是沼虾集中上市时价格的一倍有余，第二茬罗氏沼虾可囤养到 11 月份上市，价格也较集中上市期高出 50%，亩均利润达 8700 元左右。

（三）责任人简介

李江升，1969 年 5 月生，初中学历，2014 年开始养殖罗氏沼虾。联系电话：15067310098。

五、海宁市鸿海养殖有限公司

（一）生产基地

海宁市鸿海养殖有限公司成立于2013年，位于海宁市斜桥镇祝东村，基地面积40亩，现有高标准繁育车间2400平方米，可每年繁育澳洲淡水龙虾虾苗600万尾。该基地被授予“浙江省农业科学院红螯螯虾研究基地”和“浙江大学新农村发展研究院科研实践基地”。

（二）产品介绍

公司致力于红螯螯虾人工繁育和养殖技术的研究、应用和推广，凭借“良种 + 良法”技术，通过“公司 + 农户”全程化服务模式，建立了产销一体化的全产业链平台。公司繁育的虾苗为 0.8~1.0 厘米的黑头苗。公司的良种选育具有养殖存活率高、生长快速等优点。公司通过技术输出，共有合作繁育基地 15 个，其中浙江省内有 3 个，虾苗年繁育能力达 6000 万尾，推广养殖面积 1 万多亩。

公司“红螯螯虾繁养殖全产业链平台项目”获浙江省第三届现代农业创新创意大赛成长组二等奖、首届长三角毗邻地区农业农村创业创新大赛三等奖。

（三）责任人简介

周家升，1971 年 11 月生，高中学历。现已从事红螯螯虾繁养殖近 10 年，韩山师范学院客座教授、嘉兴市第二批“农业领创人才”。

联系电话：13757348236。

六、长兴洪桥漾荡牌河蟹专业合作社

（一）生产基地

长兴洪桥漾荡牌河蟹专业合作社成立于2003年9月，是以家庭农场为主体，实现生产销售服务一体化的新型农民专业合作社。现共有成员单位62家（家庭农场60家），农业科技企业2家，以洪桥镇七斗漾为核心产区，养殖面积达7800余亩，年产虾蟹达1500余吨，产值达1.8亿元，建有河蟹交易中心1000余平方米、七斗漾河蟹主题公园300余亩，在上海、杭州、长兴等地区开设河蟹直销专卖店。

2004年“漾荡牌”河蟹通过了国家级无公害农产品“双认证”，2004年被湖州市人民政府评为市名牌产品，2005年被湖州市工商局认定为湖州市著名商标，2006年被浙江省评为浙江省名牌产品，2007年取得浙江省著名商标，多次获评省农博会金奖，相继取得了ISO14000认证、ISO9001认证。2018年获评国家级示范性农民专业合作社，省级星创天地示范社。2010—2020年共举办了11届河蟹节。

2020年长兴漾荡牌河蟹获评地理标志产品。多年来，先后有国务院领导、10多位部委领导和多位省部级领导来合作社和基地视察、指导。

基地位于太湖南岸，有北纬30°的充足日照和适宜气候，天然弱碱性沙质土壤，土壤中硒含量较高。主要养殖品种为河蟹，同时混养青虾、鳜鱼、罗氏沼虾、花白鲢等水产品，养殖方式以传统池塘养殖为主，稻蟹综合种养模式尚处于探索阶段。通过实行规模化生产，推行标准化建设，对河蟹产品统一技术、统一捕捞标准、统一包装、统一收购、统一商标、统一销售。加强溯源性农产品安全管理体系，全面实施品牌战略。

合作社在上海海洋大学、本地养殖能手等专业技术团队的指导下形成一套独特的河蟹养殖技术，具体如下。

（1）科学低密度漾荡放养：每亩投放不超800只扣蟹，亩产控制在100千克左右，并人工种植伊乐藻、黄丝带等5种以上水生草，同时投放螺蛳、青虾并结合套养少量沙塘鳢、鳜鱼等方式，以建立稳定的蟹塘生态系统。

（2）建设高含量配套设施：所有渔场全部安装水车、喷泉及底部增氧设施，建设全程在线实时监测系统，可手机远程控制检测各项数据。

（3）创新越冬保膏技术：将河蟹供应期延长3个月，可从春节延长至清明节后。

（4）水质检测及处理：实行水质实时监测和尾水集中处理，养殖尾水零排放。

（二）产品介绍

长兴漾荡牌河蟹作为特色优质产业，坚持走规模化、生态化、科技化、标准化的路子，优质的太湖水系、精湛的养殖技术和深厚的文化底蕴，成就了其“黄毛、金爪、青背、白肚”的形态特征和“个大体重、蟹黄肥厚、肉质细嫩、味美鲜甜”的品质特征，故在本地一带有“洪桥河蟹，有点甜”的美言相传，是中国河蟹中的上品，在长三角久负盛名。

（1）控量提质增收，严把质量关。长兴漾荡河蟹，已全部建立追溯源码系统，每盒蟹都能通过扫码查看生长过程，包括饲料品牌等。合作社对所有养殖户进行统购统销，以确保每一盒都是正品。

（2）通过提升品牌，增加产品附加值。目前，长兴漾荡河蟹专业合作社正在策划推出高端子品牌——“蟹道”系列；顶级蟹礼——“关

怀”系列。

（三）责任人简介

钱金元（图中右一），生于1965年2月，中共党员，大专学历，现任长兴漾荡牌河蟹专业合作社理事长，中国渔业协会河蟹分会副会长。现已从事河蟹淡水虾蟹养殖20余年，每年接受新型职业农民培训、高素质农民培训以及市县举办的养殖技术培训5期以上，荣获湖州市劳动模范，“南太湖特支计划”乡村振兴领军人才，中国河蟹产业杰出贡献人物等称号。

联系电话：13655821877。

七、湖州吉鑫农业综合产业园

（一）生产基地

湖州吉鑫农业综合产业园，是以稻渔综合种养、湖州湖蟹蟹苗培育、湖蟹成蟹养殖、罗氏沼虾养殖等为主的综合性农业产业园。该园区位于湖州市吴兴区织里镇洋西片区，园区由湖州吉鑫农业科技有限公司开发营运。园区总占地面积约2700亩，主要从事河蟹、青虾、罗氏沼虾等生产和经营，公司已形成集扣蟹培育、成蟹养殖、饲料供应、产品销售等河蟹产业链，是一家集科研、养殖、销售、休闲于一体的太湖蟹农业龙头企业。

目前，公司已投入2500多万元，在乔溇村、汤溇村建设规模2600多亩的河蟹生产基地，基地生态环境优越，水质清澈，通过“公司＋合作社＋基地＋农户”的经营管理模式，直接联系河蟹生态养

殖户 200 多户，养殖面积达 11000 亩。

（二）产品介绍

公司生产的河蟹素有“青背白肚，金爪黄毛”之美称，深受广大消费者青睐。园区内现有稻渔综合种养基地近 400 亩，优质湖州湖蟹蟹苗培育基地近 350 亩，该基地为浙北地区最大的蟹苗培育基地。河蟹与罗氏沼虾综合套养区近 500 亩，亩均增收近 6000 元。传统湖州湖蟹成蟹养殖区 1300 亩。湖州湖蟹大规模存蟹基地占地 50 亩，吞吐量可达 30 万 ~40 万千克，为浙北地区唯一的大型存蟹基地。为保证河蟹质量，公司实行了扣蟹培育、成蟹养殖、市场营销的全程质量监控管理。在疫病防控、水环境检测和养殖种苗、饲料供给、技术指导等方面全方位按照市级地方标准操作规程实施，现已建立产品追溯制度，所有生产过程和产品销售全部记录在案，采取二维码追溯系统。

（三）责任人简介

张莉华，1977 年 9 月生，高中学历。现已从事中华绒螯蟹养殖 20 余年，湖州市织里镇妇女代表，省“农村科技致富”女能手，被评为吴兴区 2021 年度十佳种养殖大户，公司养殖基地获评省级水产健康养殖示范场、国家级健康养殖和生态养殖示范区。

联系电话：15962563000。

八、浙江万图生态农业旅游开发有限公司

（一）生产基地

浙江万图生态农业旅游开发有限公司筹建于2019年01月，是一家集种植养殖、休闲旅游、养生购物于一体，融合发展产业链的公司。公司主营克氏螯虾养殖和水稻种植，公司以克氏螯虾养殖配合种植生态无公害大米为主营业务，形成大规模的种养殖产业，可达到亩创收8000元以上的收益。基地还将建设稻虾共养塘口，稻虾共养塘5~35亩每口，大小共10口。总建设池塘面积约200亩。基地坐落在浙江省东阳市巍山镇，全年气候偏暖、雨水充足。公司已通过省级健康养殖示范场评选，获得省级稻田综合种养示范基地

和东阳市农业龙头企业。公司产品已有无公害检测合格证书和各项权威机构检验检测合格证书。

（二）产品介绍

公司计划通过科学的管理方法及专业的养殖技术来实现小龙虾的规范化、规模化、优质化养殖，力求将自身打造成为金华地区小龙虾养殖的龙头企业，以填补本地区小龙虾产业化养殖的空白。养殖基地布局合理，设施设备齐全，环境控制能力强，饲养管理和防疫工作到位，生产水平高。为了提高产品附加值，养殖基地还在东阳城区开设小龙虾专卖店，价格可以卖 40 元 / 千克，产品效益彰显突出。依托湖北省潜江市稻虾种养经验和金华市农业农村局专家指导，公司计划以自身的实践经验为蓝本，开展小龙虾养殖培训，建立繁育基地，并通过技术帮扶、销路帮带等举措，带动周边村民共同养殖，帮助农民增收致富，从而推动金华地区小龙虾养殖产业化的发展。

（三）责任人简介

时英厚，1984 年 5 月生，中专学历，现已从事小龙虾养殖近 10 年。

联系电话：13515790051。

九、金华市婺西养鱼场

（一）生产基地

金华市婺西养鱼场成立于2013年，位于金华市婺城区白龙桥镇潘村垅村，养殖场占地面积面积126亩，现有职工5人，是一家专业从事罗氏沼虾生态养殖的水产养殖企业。该企业年产罗氏沼虾25吨，罗氏沼虾的养殖产量位居全市首位。近年来，养殖场不断改进和完善养殖设施，兴建了标准化罗氏

沼虾养殖池90亩，虾苗培育标准化大棚5亩，标准化循环水流水槽3条，建有“三池两坝”尾水处理设施，仓库及管理房100多平方米。金华市婺西养鱼场还与浙江师范大学特种水产研究所有良好的技术合作关系，致力于高效经济水产品的养殖与技术推广。

（二）产品介绍

金华市婺西养鱼场引进罗氏沼虾新品种“南太湖2号”，采用大棚培育和池塘放养相结合的多级养殖模式，年养殖上市商品虾3~4批，亩产350千克，亩产值1.75万元，经济效益可观。养鱼场近年来获得多项荣誉，是国家级水产健康养殖示范场、全国农技推广示范县渔业科技示范户、2020年婺城区名特优水产品基地。

（三）责任人简介

陈彩新，1970年8月生，小学学历。自2014年开始从事罗氏沼虾养殖，每年积极参与当地水产养殖技术专业培训，曾获得2019年度“婺城区十大乡土人才”的称号。

联系电话：13058998178。

十、南浔计泳家庭农场

（一）生产基地

南浔计泳家庭农场位于湖州市南浔区和孚镇荻港村，处于沪、杭、宁“金三角”腹地，318国道、湖盐公路、沪浙皖高速公路及长湖申航道贯穿境内，水陆交通十分便捷，距上海150千米，杭州80千米，水路、公路发达，上海、杭州、苏州、无锡均在2小时交通圈内。该区域自然条件优越，非常适宜水产养殖，水质符合NY 5051—2017《无公害食品 淡水养殖用水水质》。

该家庭农场成立于2020年，目前农场养殖基地面积已达105亩，主要养殖水产品青虾、小龙虾，可年产青虾及小龙虾约15吨，年产值500万元，利润80余万元。该基地曾获得“湖州市美丽渔场”称号。目前，该基地水产品养殖方式以淡水池塘养殖为主，后期将逐渐向稻

虾轮作养殖方式转型。

（二）产品介绍

目前，农场主要养殖品种：青虾“太湖二号”，该品种的主要优点是抗病能力强，单只个体大，产量高，销售单价高；小龙虾，该品种的主要优点是养殖水质优，成活率高，产量比同类传统养殖方法高达 15% 左右。其中，青虾获得无公害产品认证。

（三）责任人简介

计泳，1981 年 7 月生，高中学历。从事水产养殖业近 10 年，先后多次参加企业无公害内检员，参加湖州农民学院举办的水产养殖专业培训，并取得结业证书。

联系电话：13705727995。

参考文献

江苏省淡水水产研究所. 河蟹养殖一月通[M]. 北京: 中国农业大学出版社, 2010.

李继勋. 淡水虾繁育与养殖技术[M]. 北京: 金盾出版社, 2000.

王兴礼. 淡水虾实用养殖技术[M]. 北京: 金盾出版社, 2015.

徐在宽, 韩名竹, 潘建林, 等. 鱼虾蟹鳖养殖与疾病防治新技术[M]. 南京: 南京出版社, 1996.

徐在宽, 徐明. 怎样办好家庭淡水虾养殖场[M]. 北京: 科技文献出版社, 2008.

浙江省水产技术推广总站. 淡水虾蟹类养殖技术[M]. 杭州: 浙江科学技术出版社, 2013.

浙江省水产技术推广总站. 南美白对虾养殖技术[M]. 杭州: 浙江科学技术出版社, 2016.

浙江效益农业百科全书编辑委员会. 河蟹[M]. 北京: 中国农业科学技术出版社, 2004.

浙江效益农业百科全书编辑委员会. 青虾 罗氏沼虾[M]. 北京: 中国农业科学技术出版社, 2004.

浙江效益农业百科全书编辑委员会. 对虾 南美白对虾[M]. 北京: 中国农业科学技术出版社, 2004.

后　记

本书从筹划到出版历时近一年，在浙江省有关淡水虾蟹养殖企业和基层水产技术推广部门的大力支持下，经数次修改、完善，最终定稿。本书在编撰过程中，得到了浙江省水产学会相关专家的全力帮助。此外，他们也对书稿进行了仔细的审阅，并提出一些有效建议。在此表示衷心的感谢！

由于编者水平所限，书中难免有不妥之处，敬请广大读者提出宝贵意见，以便进一步修订和完善。